위대한 설계

위대한 설계

스티븐 호킹
레오나르드 믈로디노프

전대호 옮김

까치

THE GRAND DESIGN

by Stephen Hawking and Leonard Mlodinow

역자 **전대호**(全大虎)

서울대학교 물리학과 졸업. 같은 대학교 철학과 대학원 석사. 독일 쾰른에서 철학 수학. 서울대학교 철학과 박사과정 수료. 1993년 조선일보 신춘문예 시 당선. 시집으로 「가끔 중세를 꿈꾼다」, 「성찰」이 있고, 번역서로 「수학의 언어」, 「유클리드의 창」, 「과학의 시대」, 「짧고 쉽게 쓴 '시간의 역사'」, 「수학의 사생활」, 「우주생명 오디세이」, 「당신과 지구와 우주」, 「2030 : 세상을 바꾸는 과학기술」, 「우주는 수학이다」, 「나, 스티븐 호킹의 역사」, 「완벽한 이론 : 일반상대성이론 100년사」 등이 있다.

위대한 설계

저자 / 스티븐 호킹, 레오나르드 믈로디노프
역자 / 전대호
발행처 / 까치글방
발행인 / 박후영
주소 / 서울시 용산구 서빙고로 67, 파크타워 103동 1003호
전화 / 02 · 735 · 8998, 736 · 7768
팩시밀리 / 02 · 723 · 4591
홈페이지 / www.kachibooks.co.kr
전자우편 / kachibooks@gmail.com
등록번호 / 1-528
등록일 / 1977. 8. 5
초판 1쇄 발행일 / 2010. 10. 5
    15쇄 발행일 / 2023. 12. 20

값 / 뒤표지에 쓰여 있음

ISBN 978-89-7291-492-1 03400

차례

1. 존재의 수수께끼   7

2. 법칙의 지배   17

3. 실재란 무엇인가?   47

4. 대안 역사들   77

5. 만물의 이론   107

6. 우리의 우주를 선택하기   153

7. 가시적인 기적   185

8. 위대한 설계   213

용어 해설 231
감사의 말 241
역자 후기 243
색인 247

1

존재의 수수께끼

우리 개인은 오직 짧은 시간 동안만을 존재하면서, 오직 우주 전체의 작은 부분만을 경험한다. 그러나 인간은 호기심이 많은 종(種, species)이다. 우리는 궁금증을 품고 대답을 찾는다. 때로는 우호적이고 때로는 잔인한 이 광활한 세계에 살면서 저 위의 끝없는 하늘을 바라보는 사람들은 언제나 수많은 질문을 던져왔다. 우리가 속한 세계를 어떻게 이해할 수 있을까? 우주는 어떻게 작동할까? 실재(實在, reality)의 본질은 무엇일까? 이 모든 것은 어디에서 왔을까? 우주는 창조자가 필요했을까? 우리 대부분은 인생의 대부분을 이런 질문들에 매달려 보내지는 않는다. 그러나 우리는 누구나 거의 예외 없이 한동안 이런 질문들을 고민하게 된다.

이런 질문들은 전통적으로 철학의 영역이었으나, 철학은 이제 죽었다. 철학은 현대 과학의 발전, 특히 물리학의 발전을 따라잡지 못했다. 지식을 추구하는 인류의 노력에서 발견의 횃불을 들고 있는 자들은 이제 과학자들이다. 이 책의 목적은 최근의 발견들과 이론적인 발전들이 시사하는 대답들을 제시하는 것이다. 그 대답들은 우주와 우주에서의 우리의 자리에 대한 새로운 생각을 향해서 우리를 이끈다. 그 생각은 전통적인 생각과 사뭇 다를 뿐더러 우리가 겨우 10년이나 20년 전에 품었을 만한 생각과도 다르다. 그럼에도 그 새로운 생각의 첫 밑그림은 거의 1세기 전에 그려졌다고 할 수 있다.

전통적인 우주관에 따르면, 대상들은 잘 정의된 경로 위에서 움직이고 확정된 역사를 가지고 있다. 우리는 매순간 대상들의 정확한 위치를 특정할 수 있다. 이 "고전적인" 우주관은 일상생활에서 충분히 타당하다. 그러나 이 관점으로는 원자(atom)와 아원자(subatom) 규모의 존재들에서 발견된 외관상의 기이한 행동을 설명할 수 없다는 것이 1920년대에 밝혀졌다. 그 관점 대신에 이른바 양자물리학(量子物理學, quantum physics)이라는 다른 개념 틀을 채택할 필요가 있었다. 양자이론들은 작은 규모의 사건들을 대단히 정확하게 예측할 뿐만 아니라 거시적인 일상생활의 세계에 적용하면 옛 고전이론들의 예측들을 그대로 재생할 수 있었다. 그러나 양자물리학과 고전물리학은 물리적 실재에 대한 관념들이 근본적으로 서로 전혀 다르다.

양자이론들은 다양한 방식으로 정식화(定式化)할 수 있지만, 아마도 가장 직관적인 기술은 리처드 (딕) 파인만의 기술일 것이다. 파인만은 캘리포니아 공과대학(Cal-tech)에서 일하면서 근처의 선술집에서 봉고 드럼을 연주하기도 한 다채로운 성격의 인물이다. 파인만에 따르면 한 시스템(界)은 하나의 역사가 아니라 가능한 모든 역사를 가지고 있다. 우리는 우리의 대답들을 추구하면서 파인만의 접근법을 상세히 설명하고 그것을 토대로 삼아, 우주 자체도 단일한 역사를 지니지 않았으며 심지어 독립적인 존재조차 아니라는 생각을 검토할 것이다. 이 생각은

"……그런데 이것이 내 철학입니다."

많은 물리학자들이 보기에도 급진적인 것 같다. 실제로 오늘날 과학에서의 많은 생각들과 마찬가지로, 이 생각은 상식에 어긋나는 듯하다. 그러나 상식의 토대는 일상 경험이지, 원자의 내부나 초기 우주의 과거를 깊숙이 들여다볼 수 있는 경이로운 과학기술들을 통해서 드러난 우주는 아니다.

현대물리학이 출현하기 전까지, 일반적으로 세계에 관한 모든 지식은 직접 관찰을 통해서 얻을 수 있고 사물들은 우리가 감각을 통해서 포착한 그대로 존재한다고 생각했다. 그러나 현대물리학이 일상경험과 대립하는 파인만 등의 생각을 토대로 삼아 이룩한 극적인 성취들은 과거의 생각이 틀렸음을 보여주었다. 다시 말해서 그 순박한 과거의 실재관은 현대물리학과 양립할 수 없다. 우리는 이런 역설들을 다루기 위해서 이른바 모형 의존적 실재론(model-dependent realism)을 채택하려고 한다. 모형 의존적 실재론은 우리의 뇌가 우리의 감각기관들에서 온 입력을 해석한다는 생각에 토대를 두고 있다. 그 모형(模型, model)이 사건들을 성공적으로 설명할 경우, 우리는 그 모형과 그것을 구성하는 요소들과 개념들에 실재성 혹은 절대적 진리성을 부여하는 경향이 있다. 그러나 똑같은 물리적 상황을 서로 다른 근본 요소들과 개념들을 써서 모형화할 수 있는 다양한 방식들이 있다. 만일 그런 물리 이론 혹은 모형 두 개가 똑같은 사건들을 정확하게 예측한다면, 한 모형이 다른 모형보다 더 실재적이라고 말할 수 없다. 오히려 우리는 마음대로 더 편리한 모형을 선택해서 사용할 수 있다.

과학의 역사에서 우리는 계속해서 더 나은 이론 혹은 모형을 발견해왔다. 플라톤의 모형보다 뉴턴의 고전이론이 더 낫고, 그보다 현대 양자이론들이 더 낫다. 그러므로 자연스럽게 다음과 같은 질문을 던지게 된다. 점점 더 나은 이론들을 거치다보면, 언젠가는 종착점에 도달할 수 있지 않을까? 우주에 관한 궁극의 이론, 모든 힘들을 아우르고 우리가 관찰할 수 있는 모든 것들을 예측하는 이론에 도달할 수 있지 않을까? 아니면 우리는 끝없이 더 나은 이론들을 발견하지만, 완벽한 이론은 끝내 발견하지 못하게 되는 것이 아닐까?

우리는 이 질문에 대한 확정적인 대답을 아직은 알 수 없다. 그러나 궁극적인 만물의 이론이 정말로 존재한다면, 그런 이론이 될 가능성이 있는 후보를 우리는 알고 있다. 그것은 이른바 M이론(M-theory)이다. M이론은 궁극의 이론이 갖춰야 한다고 우리가 생각하는 속성들을 모두 갖춘 유일한 모형이며 우리가 지금부터 전개하는 논의의 상당 부분이 의지하는 이론이다.

M이론은 통상적인 의미의 이론이 아니다. M이론은 다양한 이론들의 집합 전체를 일컫는 이름인데, 그 이론들 각각은 물리세계의 특정 범위에 한해서만 관찰들을 타당하게 서술한다. 이는 지도와 유사하다고 할 수 있다. 잘 알려져 있듯이, 지구의 표면 전체를 단일한 지도로 보여줄 수는 없다. 세계 지도에 흔히 쓰이는 메르카토르 투영법(Mercator projection)은 북극과 남극 근처로 갈수록 면적들을 점점 더 크게 표현하며 북극과 남극은 표현하지 못한다. 지구 천체를 충실하게 표현하려면, 각각 한정된 영역을 표현하는 지도 여러 장을 사용해야 한다. 그 지도들은 서로 조금씩 겹치지만, 그 겹치는 부분들을 동일하게 표현한다. M이론도 이와 비슷하다. M이론이라고 불리는 다양한 이론들은 서로 전혀 다르게 보일 수도 있지만, 모두 동일한 바탕 이론의 측면들로 간주될 수 있다. 그 이론들은 그 바탕 이론의 버전들이며 한정된 범위에만, 예컨대 에너지와 같은 특정한 양들이 작을 때에만 적용될 수 있다. 메르카토르 투영법에서 서로 겹치는 지도들과 마찬가지로, M이론의 다양한 버전들은 서로 겹치는 부분에서 동일한 현상을 예측한다. 그러나 지구의 표면 전체를 충실히 재현하는 평면 지도가 없는 것과 마찬가지로, 물리세계 전체에서 얻은 관찰들을 충실하게 재현하는 단일

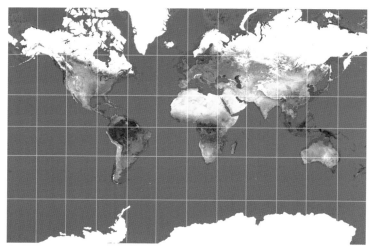

세계 지도 지구를 재현하려면 지도 여러 장을 조금씩 겹치면서 이어 붙여야 하듯이, 우주를 재현하려면 부분적으로 겹치는 다수의 이론들이 필요할 수도 있다.

한 이론은 존재하지 않는다.

이제 M이론이 창조에 관한 질문에 어떤 대답을 내놓을 수 있는지를 이야기해보자. M이론에 따르면, 우리의 우주는 유일한 우주가 아니다. 오히려 M이론은 엄청나게 많은 우주들이 무(無, nothing)에서 창조되었다고 예측한다. 그 우주들이 창조되기 위해서 어떤 초자연적인 존재 혹은 신의 개입은 필요하지 않다. 오히려 그 다수의 우주들은 물리법칙에서 자연적으로 발생한다. 그것들의 존재는 과학의 예측에 의한 존재이다. 우주 각각은 많은 가능한 역사들을 지녔고 많은 가능한 미래 상태들을 지녔다. 그 상태들의 대부분은 우리가 관찰하는 우주와 사뭇 다르고 어떤 형태의 생명도 존재하기에 전혀 부적합할 것이다.

14

우리와 같은 생물의 존재를 허용하는 미래 상태는 극소수일 것이다. 요컨대 우리의 존재는 그 방대한 미래 상태들 가운데 우리의 존재와 양립 가능한 상태들만 선택하는 것을 정당화한다. 그러므로 우리는 우주의 규모에서 하찮고 미미하지만 어떤 의미에서 창조자라고 할 수 있다.

우주를 가장 깊은 수준에서 이해하려면 우주의 행동에 대해서 "어떻게"라는 질문뿐만 아니라 "왜"라는 질문에도 대답할 필요가 있다.

왜 무(無)가 아니라 무엇인가가 있을까?

왜 우리가 있을까?

왜 다른 법칙들이 아니라 이 특정한 법칙들이 있을까?

이 질문이야말로 생명, 우주, 만물에 관한 궁극의 질문이다. 우리는 이 질문에 대한 대답을 시도할 것이다. 「히치하이커를 위한 은하 여행 안내서」에서와 달리, 우리의 대답은 단순히 "42"가 아닐 것이다.

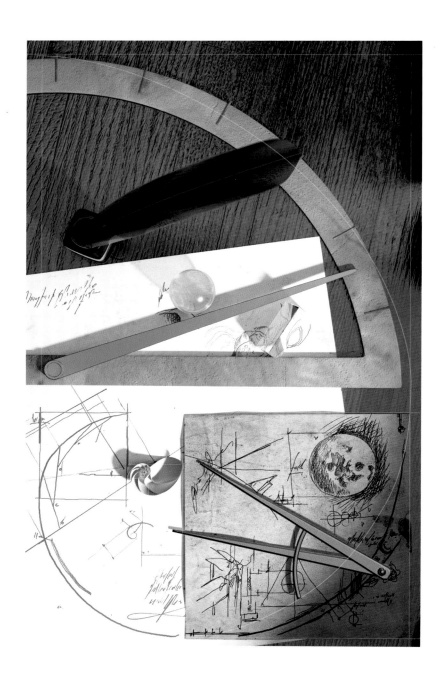

2

법칙의 지배

늑대 스콜은 달을 위협하여
비탄의 숲으로 달아나게 하네,
늑대 하티 흐리드비트니르의 친척은
해를 뒤쫓을 것이니라.
— "그림니스말(Grimnismal)", 「엘더 에다(*The Elder Edda*)」

바이킹 신화에서 스콜과 하티는 해와 달을 뒤쫓는다. 이 늑대들이 해나 달을 따라잡으면, 일식이나 월식이 일어난다. 그러면 지상의 인간들이 해나 달을 구하려고 달려가서 최대한 큰 소음을 일으켜 그 늑대들이 겁먹고 달아나기를 바란다. 다른 문화들에도 이와 유사한 신화가 있다. 그러나 어느 정도 세월이 흐른 후에 사람들은 자신들이 달려가서 요란하게 소리를 지르고 물건을 두드리건 말건, 일식과 월식은 끝나고 해와 달은 본래 모습을 회복한다는 것을 알게 되었을 것이다. 또 일식과 월식이 무작위로 발생하지 않고 규칙적인 패턴으로 반복된다는 것도 알게 되었을 것이다. 월식의 패턴은 특히 뚜렷해서, 고대 바빌로니아 사람들은 지구가 태양의 빛을 가로막기 때문에 월식이 발생한다는 것을 몰랐음에도 월식을 꽤 정확하게 예측할 수 있었다. 그러나 일식을 예측하기는 더 어려웠다. 왜냐하면 일식은 지구표면의 폭 48킬로미터의 띠 모양의 구역에서만 관찰되기 때문이다. 그럼에도 일단 패턴이 파악되고 나자, 일식과 월식이 초자연적인 존재의 변덕 때문에 발생하는 것이 아니라 법칙의 지배를 받는다는 것이 분명히 밝혀졌다.

일부 천체들의 운동은 일찍이 성공적으로 예측되었지만, 우리의 조상들이 보기에 자연에서 일어나는 사건들(events)의 대부분은 예측 불가능했다. 화산, 지진, 폭풍, 전염병, 살 속으로 파고드는 발톱은 모두 뚜렷한 원인이나 패턴 없이 발생하는 듯했다. 고대에는 자연의 격렬한 활동을 짓궂거나 악의적인 신들의 탓으로 돌리는 것이 자연스러웠다. 재난은 흔히 우리가 신들의 분노를 샀다는 신호로 받아들여졌다. 예컨대 기원전 5600년경에 오리건 주의 마자마 화산이 폭발하여 몇 년 동안 바위와 불타는 재가 쏟아지고 여러 해 동안 비가 내려 분화구에 물이 채워져서 오늘날 크레이터 호수라고 부르는 호수가 생겼다. 오리건 주의 클라마스 인디언들에게는 그 사건의 지질학적 세부 내용들과 정확하게 일치하는 전설이 전해져 오고 있다. 그러나 그 전설에는 그 재난을 초래한 한 인간이 추가로 등장한다.

죄책감을 느끼는 인간의 능력은 인간이 자기 자신을 비난할 구실을 항상 찾아낼 수 있을 정도로 대단했다. 그 전설에서는 하계(下界)의 추장 라오가 클라마스 인디언 추장의 아름다운 딸에게 반한다. 그녀는 그를 거부했고, 라오는 앙갚음으로 클라마스 부족을 불로 멸망시키려고 한다. 이때 다행스럽게도 상계(上

고대인들은 일식과 월식의 원인을 몰랐지만, 그것들의 발생 패턴을 알고 있었다.

界)의 추장 스켈이 인간들을 불쌍히 여겨 하계의 추장과 싸움을
벌인다. 결국 라오는 부상을 당하고 마자마 화산 속으로 퇴각한
다. 그리하여 거대한 구멍이 생기고, 그 구멍은 결국 물로 채워
진다.

자연의 작동 방식에 대한 무지는 고대인들로 하여금 인간의
삶의 모든 면을 제멋대로 지배하는 신들을 발명하도록 이끌었
다. 사랑의 신과 전쟁의 신이 있었고, 해의 신, 땅의 신, 하늘의
신이 있었으며, 바다의 신과 강의 신, 비의 신과 폭풍우의 신,
지진의 신과 화산의 신이 있었다. 신들이 기분이 좋으면, 인류

는 좋은 날씨, 평화, 자연 재해와 질병으로부터 자유를 누렸다. 신들이 기분이 나쁘면, 가뭄, 전쟁, 전염병, 유행병이 생겼다. 고대인들은 자연 속에서의 인과관계를 깨닫지 못했으므로, 신들은 불가사의한 존재였고 사람들은 신들의 처분에 맡겨진 듯했다. 그러나 약 2600년 전에 밀레토스의 탈레스(기원전 624?-546?)가 등장하면서 변화가 일어나기 시작했다. 자연이 한결같은 원리들을 따르며 그 원리들을 알아낼 수 있다는 생각이 등장한 것이었다. 그리하여 신들이 지배한다는 생각이 물러가고, 우주가 자연법칙들에 의해서 지배되며 우리가 언젠가 해독하게 될 설계도에 따라서 창조되었다는 생각이 전면에 나서는 긴 과정이 시작되었다.

인류의 역사 전체를 놓고 보면, 과학 연구는 아주 최근에 발생한 활동이다. 우리 호모 사피엔스, 즉 인류는 기원전 20만 년경에 사하라 이남 아프리카에서 기원했다. 겨우 기원전 7000년경까지 거슬러올라가는 문자 언어는 곡물 재배를 중심으로 한 사회들의 산물이었다(가장 오래된 기록들 중에는 하루에 시민 각자에게 배급되는 맥주의 양에 관한 것도 있다). 위대한 고대 그리스 문명의 가장 유서 깊은 기록들은 기원전 9세기의 것이지만, 그 문명의 전성기인 "고전고대(classical period)"는 그로부터 수백 년 뒤인 기원전 500년을 약간 앞두고 시작되었다. 아리스토텔레스(기원전 384-322)에 따르면, 바로 그 무렵에 밀레토스의 탈레스는 세계를 이해할 수 있으며 우리 주변의 복잡한 사건들을 더 단순한 원리들로 환원하여 신화적이거나 신학적인 설명에 의지하지 않고 설명할 수 있다는 생각을 처음으로 발전시켰다.

탈레스는 기원전 585년에 일식을 최초로 예측했다고 칭송된다. 비록 그 예측의 대단한 정확성은 행운의 결과일 가능성이 높지만 말이다. 탈레스는 저술을 남기지 않았기 때문에, 그가 누구인지 정확하게 알기는 어렵다. 그의 고향은 이오니아라는 지역의 학문 중심지 가운데 하나였다. 그 지역은 그리스 식민지였고, 결국 터키에서부터 멀리 서쪽으로 이탈리아까지 영향력을 미치게 되었다. 이오니아의 과학은 자연 현상을 설명하기 위해서 근본 법칙들을 밝히는 것이 특징이었으며 인류의 사상사에서 엄청나게 중요한 이정표가 되었다. 이오니아 사람들의 접근법은 합리적이었고, 많은 경우에 오늘날 우리가 더 정교한 방법들을 통해서 믿게 된 것과 놀랍도록 유사한 결론들에 도달했다. 그것은 위대한 시작이었다. 그러나 이오니아 과학의 대부분은 여러 세기 동안 잊혀졌고, 다만 여러 번 다시 발견되거나 다시 창안되었다.

전설에 따르면 오늘날 우리가 자연법칙이라고 부를 만한 수학 공식을 처음으로 제시한 인물은 이오니아 사람인 피타고라스(기원전 580?–490?)였다. 직각삼각형의 빗변(가장 긴 변)의 제곱은 나머지 두 변의 제곱의 합과 같다는 피타고라스 정리로 유명한 그는 현악기의 현의 길이와 소리의 화성적 조화 사이에 성립하는 수적인 관계를 발견했다고 한다. 우리가 오늘날의 언어로 그 관계를 서술한다면, 장력(張力)이 고정된 상태에서 현

이오니아 고대 이오니아의 학자들은 최초로 자연 현상을 신화나 신학이 아니라 자연법칙들을 통해서 설명했다.

의 진동수—현이 1초 동안 진동하는 회수—는 현의 길이에 반비례한다고 말할 수 있다.

이 관계는 기타의 현 길이가 짧을수록 높은 음이 나는 이유를 설명해준다. 이 발견을 한 사람은 피타고라스 자신이 아닐 가능성이 높다(피타고라스는 피타고라스 정리의 발견자도 아니다). 그러나 그의 시대에 현의 길이와 음 높이 사이의 관계가 어느 정도 알려져 있었다는 증거는 존재한다. 만일 그 증거를 확신해도 좋다면, 오늘날 우리가 말하는 이론물리학의 최초 사례는 그 단순한 수학 공식이라고 할 수 있을 것이다.

현(絃)에 관한 피타고라스의 법칙을 논외로 하면, 고대인들이 정확하게 알았던 물리법칙은 아르키메데스(기원전 287?-212?)가 자세히 논한 세 가지 법칙들뿐이었다. 아르키메데스는 고대 세계를 통틀어 견줄 상대가 없을 만큼 가장 탁월한 물리학자이다. 오늘날의 용어로 설명하면, 지렛대의 법칙은, 지렛대를 쓰면 작은 힘만으로도 큰 무게를 들어올릴 수 있는 까닭은 힘을 가하는 지점과 무게가 놓인 지점이 지렛대의 받침점으로부터 떨어진 거리의 비율에 비례해서 힘이 증폭되기 때문이라고 설명한다. 부력의 법칙은, 유체 속에 들어간 물체는 그 물체 때문에 밀려난 유체의 무게와 같은 힘을 위쪽 방향으로 받는다고 설명한다. 마지막으로 반사 법칙은, 거울에 투사되는 광선과 거울이 이루는 각은 거울에서 반사된 광선과 거울이 이루는 각과 같다고 설명한다. 그러나 아르키메데스는 이 법칙들을 법칙이라고 부르지 않았으며, 관찰과 측정을 언급하면서 설명하지도 않았다. 오히려 그는 그것들을 마치 순수한 수학 정리인 것처럼, 유클리드가 창조한 기하학과 같은 공리체계의 일부인 것처럼 다뤘다.

이오니아 과학의 영향력이 커지면서, 우주에 내적인 질서가 있고 그 질서를 관찰과 추론을 통해서 이해할 수 있다고 믿는 사람들이 더 많이 나타났다. 탈레스의 친구였으나 어쩌면 제자였을지도 모르는 아낙시만드로스(기원전 610?-546?)는, 갓난아이는 무력하므로 만일 최초의 인간이 갓난아이로 세계 속에 출현했다면 살아남지 못했을 것이라고 주장했다. 그렇게 인류 최초의 진화론이라고 할 만한 생각을 펼치면서 그는 따라서 인간은 갓난아이보다 더 강한 다른 동물들로부터 진화했음이 분명하다고 추론했다. 시칠리아의 엠페도클레스(기원전 490?-430?)는 "클렙시드라(clepsydra)"라는 도구를 쓰는 모습을 관찰했다. 국자의 대용으로도 쓰는 그 도구는 주둥이가 있고 바닥에 작은 구멍들이 뚫린 둥근 그릇이었다. 그 그릇을 물속에 담그면 물이 채워지는데, 만일 물이 채워진 다음에 주둥이를 막으면, 그릇을 들어올려도 바닥의 구멍으로 물이 빠져나가지 않았다. 또 그릇을 물속에 담그기 전에 주둥이를 막으면, 그릇에 물이 채워지지 않았다. 엠페도클레스는 보이지 않는 무엇인가가 물이 구멍으로 드나드는 것을 막는다고 추론했다. 그는 우리가 공기라고 부르는 물질을 발견한 것이었다.

거의 같은 시기에 그리스 북부의 이오니아 식민지 출신인 데모크리토스(기원전 460?-370?)는 물체를 여러 조각으로 부수거나 자르면 어떻게 될지 곰곰이 생각했다. 그는 그렇게 자르는 과정을 무한정 계속할 수 없는 것이 당연하다고 주장했다. 결국 그는 모든 생물을 포함한 만물은 더 자르거나 부술 수 없는 근본입자들로 이루어졌다는 이론에 도달했다. 그는 그 궁극의 입자를 "원자(atom)"라고 명명했다. 이 명칭은 "자를 수 없는(atomos)"을 뜻하는 그리스어 형용사에서 유래했다. 데모크리토스는 모든 물질적인 현상이 원자들의 충돌에서 비롯된다고 믿었다. 원자론(atomism)이라고 명명된 그의 이론에서 모든 원자들은 공간 속에서 돌아다니는데, 방해를 받지 않으면 한없이 계속 나아간다. 이 생각은 오늘날 관성의 법칙이라고 한다.

우리가 우주의 중심에 있는 특별한 존재가 아니라 평범한 거주자에 불과하다는 혁명적인 생각은 아리스타르코스(기원전 310?-230?)에 의해서 처음으로 옹호되었다. 그는 이오니아 과학자의 마지막 세대에 속한다. 그의 연구는 단 하나만 오늘날에 전해지는데, 그것은 월식 중에 달에 드리운 지구 그림자의 크기를 면밀히 관찰하고 기하학적으로 복잡하게 분석한 연구이다. 그는 데이터를 근거로 태양이 지구보다 훨씬 더 크다는 결론에 도달했다. 아마도 작은 물체가 큰 물체의 주위를 돌아야지 그 반대가 되면 안 된다는 생각 때문이었는지, 아리스타르코스는 인류 최초로 지구가 태양계의 중심이 아니며 지구를 비롯한 행성들이 훨씬 더 큰 태양 주위를 돈다고 주장했다. 지구가 여러 행성들 중의 하나일 뿐이라는 깨달음에서 시작하여 우리의 태양도 특별할 것이 없다는 생각에 이르기까지는 작은 걸음 하나면 충분하다. 아리스타르코스는 그 작은 걸음을 내디뎠고, 우리가 밤하늘에서 보는 별들이 멀리 있는 태양들이라고 믿었다.

이오니아 학파는 고대 그리스의 수많은 철학 학파들 중 하나에 불과했다. 그 학파들은 제각각 다르고 흔히 대립하는 전통이 있었다. 안타깝게도 이오니아 학파의 자연관—자연을 일반 법칙들을 통해서 설명하고 간단한 원리들로 환원할 수 있다는 생각—은 겨우 이삼백년 동안만 강한 영향력을 발휘했다. 그렇게 된 이유들 중의 하나는, 이오니아의 이론들이 흔히 자유의지나 목적의 개념, 혹은 신들이 세계의 운행에 개입한다는 생각을 배제하는 것처럼 보였다는 점에 있었다. 그런 배제는 많은 그리스 사상가들에게 심각한 불안감을 유발할 정도로 경악스러웠고 지금도 많은 사람들에게 그러하다. 예컨대 철학자 에피쿠로스(기원전 341-270)는 "신들에 관한 신화를 따르는 것이 자연철학자들이 말하는 운명의 '노예'가 되는 것보다 더 낫다"는 이유로 원자론에 반대했다. 아리스토텔레스 역시 인간이 영혼이 없는 죽은 물체들로 구성되었다는 생각을 받아들일 수 없었기 때문에 원자의 개념에 반발했다. 인간이 우주의 중심이 아니라는 이오니아 사람들의 생각은 우주관의 역사에서 하나의 이정표였지만, 배척될 수밖에 없다가 거의 2,000년 뒤의 갈릴레오의 활동기에야 다시 채택되고 일반적으로 수용되었다.

고대 그리스 사람들의 자연에 관한 몇몇 생각들은 대단한 통찰을 담고 있지만, 그들의 사상 대부분은 오늘날 타당한 과학의 모범으로 간주될 수 없을 것이다. 우선 그들은 과학적 방법을 고안하지 못했기 때문에, 그들의 이론들은 실험을 통한 입증을 목표로 개발된 것들이 아니었다. 예컨대 원자는 다른 원자와 충돌할 때까지 직선으로 운동한다고 어느 학자가 주장하는데, 다른 학자는 원자는 키클롭스(Cyclops)와 충돌할 때까지 직선으로 운동한다고 주장하더라도, 논쟁을 해결할 객관적인 방법이 없었다. 게다가 인간이 정한 법칙과 물리법칙도 명확하게 구분되지 않았다. 예컨대 기원전 5세기에 아낙시만드로스는 만물이 제일 실체(primary substance)에서 발생하고 "죄를 저질러 벌

금을 내거나 형벌을 받지 않는다면" 다시 제일 실체로 돌아간다고 주장했다. 또 이오니아 철학자 헤라클레이토스(기원전 535?-475?)는 태양이 지금처럼 행동하지 않으면 정의의 여신이 태양을 뒤쫓아가서 처벌할 것이기 때문에 태양은 지금처럼 행동한다고 주장했다. 수백 년 뒤인 기원전 3세기경에 발생한 그리스 철학자들의 스토아 학파는 인간의 법과 자연법칙을 구분했지만, 그들이 보편적이라고 생각하는 인간의 행동 규범들―신을 존중하고 부모에게 순종해야 한다는 따위―을 자연법칙으로 분류했다. 거꾸로 물리적 과정들을 법률 용어로 서술하고 그것들을 강제할 필요가 있다고 믿는 경우도 흔히 있었다. 물리법칙들을 "지켜야 한다는" 요구를 받는 대상들은 죽은 물체들인데도 말이다. 이를테면 소행성에게 타원으로 움직이라고 설득한다고 상상해보라.

이 전통은 그리스인들의 뒤를 이어 활동한 사상가들에게 여러 세기 동안 영향을 미쳤다. 13세기 중세의 기독교 철학자 토마스 아퀴나스(1225?-1274)는 그 전통을 취하여 신의 존재를 증명하는 데에 이용했다. 그는 이렇게 썼다. "[죽은 물체들은] 우연이 아니라 의도에 의해서 종착점에 도달하는 것이 분명하다……그러므로 자연의 모든 것 각각을 그것의 종착점에 도달하도록 이끄는 지적이고 인격적인 존재가 있다." 심지어 16세기에도 독일의 위대한 천문학자 요한네스 케플러(1571-1630)는 감각을 가진 행성들이 그들의 "정신(mind)"에 의해서 파악한 운동법칙들을 의식적으로 따른다고 믿었다.

자연법칙들을 의도적으로 지켜야 한다는 생각은 고대인들의 관심의 초점이 자연의 작동 방식에 있지 않고 작동 이유에 있었음을 반영한다. 아리스토텔레스는 그런 접근법을 취하여 과학의 주요 토대가 관찰이라는 생각을 배격한 대표적인 인물의 하나였다. 정확한 측정과 수학적 계산은 고대에는 어차피 어려운 일이었다. 계산을 할 때 매우 편리한 십진법은 고작 기원후 700년경에 인도 사람들이 산술을 강력한 도구로 만드는 작업에 착수할 때에야 만들어졌다. 덧셈과 뺄셈을 나타내는 기호는 15세기에야 등장했다. 등호(等號)와 초 단위까지 측정할 수 있는 시계는 16세기에야 출현했다.

그러나 아리스토텔레스는 측정과 계산의 문제가 정량적인 예측을 산출할 수 있는 물리학의 발전을 가로막지 않는다고 생각했다. 오히려 그는 측정과 계산이 불필요하다고 생각했다. 대신에 그는 그 자신이 보기에 지적인 매력이 있는 원리들을 물리학의 토대로 삼았다. 그는 스스로 보기에 매력적이지 않은 사실들을 억제했고, 사건들이 일어나는 이유에 관심을 집중하면서 사건 그 자체를 정확하고 상세하게 기술하는 일에는 상대적으로 적은 노력을 기울였다. 물론 아리스토텔레스도 자신의 결론이 관찰과 명백하게 불일치하여 무시할 수 없을 때는 그 결론을 수정했다. 그러나 그 수정은 흔히 미봉책이었고 모순을 호도하는 것과 다름없었다. 그런 식으로 그는 그의 이론과 실재가 아무리 심각하게 불일치하더라도 언제나 이론을 적당히 바꿔서 외관상의 대립을 제거할 수 있었다. 예컨대 그의 운동 이론은 무거운 물체들은 일정한 속도로 낙하하며, 그 속도는 그것들의 무게에 비례한다고 명확히 언명했다. 그러나 낙하하는 물체들의 속도가 증가한다는 명백한 사실을 설명하기 위해서 그는 새로운 원리를 발명했다. 그 원리에 따르면, 물체들은 자신의 자연적인 정지 위치에 다가갈수록 더 기뻐하며 전진하고 따라서 가속한다. 오늘날의 시각으로 보면, 이 원리는 무생명의 물체들보다 일부 사람들에게 더 적합한 듯하다. 아리스토텔레스의 이론들은 흔히 예측적인 가치가 거의 없었지만, 과학에 대한 그의 접근법은 거의 2,000년 동안 서양 사상을 지배했다.

그리스인들의 뒤를 이은 기독교도들은 우주가 냉담한 자연법칙에 의해서 지배된다는 생각을 거부했다. 그들은 또한 우주에서 인간의 지위가 특별하지 않다는 생각도 거부했다. 중세는 단일하고 정합적인 철학 체계가 없던 시기이기는 하지만, 우주는 신이 만든 인형의 집이고 종교는 자연 현상에 대한 탐구보다 훨씬 더 값어치가 있다는 것이 당시의 통념이었다.

실제로 1277년에 파리의 탕피에 주교는 교황 요한 21세의 지시를 받들어 저주받아야 마땅한 오류 혹은 이단적인 주장 219개의 목록을 공표했다. 그 오류들 중에는 자연이 법칙들을 따른다는 생각도 있었다. 이 생각은 신의 전능함과 상충하기 때문에 저주받아야 마땅했다. 흥미롭게도 교황 요한 21세는 몇 달 뒤에 중력법칙의 작용에 의해서 죽음을 맞았다. 그의 처소의 지붕이 무너져 그를 덮치는 바람에 사망했던 것이다.

근대적인 자연법칙의 개념은 17세기에 발생했다. 케플러는

"나의 오랜 통치 기간 동안에 내가 배운 것이 하나 있다면, 열
은 상승한다는 것이오."

자연법칙을 근대과학적인 의미로 이해한 최초의 과학자였을 것
이다. 물론 이미 말했듯이 그는 만물에 영혼이 깃들어 있다는
물활론(物活論, animism)의 입장을 유지하기도 했지만 말이다.
갈릴레오(1564-1642)는 과학 저술의 대부분에서 "법칙"이라
는 단어를 사용하지 않았다(그러나 그의 저술의 몇몇 번역본에
는 그 단어가 등장한다). 그러나 그가 그 단어를 사용했건 안
했건, 그는 수많은 법칙들을 발견하고 중요한 원리들을 옹호했

다. 그 원리들은 과학의 토대는 관찰이라는 것과 과학의 목적은 물리 현상들 사이에 존재하는 양적인 관계들의 탐구라는 것이었다. 그러나 오늘날 우리가 아는 자연법칙의 개념을 최초로 분명하고 엄밀하게 제시한 인물은 르네 데카르트(1596-1650)였다.

데카르트는, 모든 물리 현상은 운동하는 질량들의 충돌을 통해서 설명해야 하며, 세 법칙이 그 운동을 지배한다고 믿었다. 그 세 가지 법칙은 유명한 뉴턴의 운동법칙들의 선구적인 존재였다. 그는 그 자연법칙들이 모든 시간과 장소에서 유효하다고 단언했으며, 운동하는 물체들이 그 법칙들에 복종한다고 해서 그 물체들이 정신을 지녔다고 할 수는 없다고 명시적으로 말했다. 데카르트는 또한 오늘날 우리가 "초기 조건"이라고 부르는 것의 중요성을 이해했다. 초기 조건은 임의의 시간 간격의 출발점에서 시스템(界)의 상태를 기술한다. 자연법칙들은 시간이 흐르면 시스템이 어떻게 진화할지를 주어진 초기 조건 아래에서 결정한다. 따라서 초기 조건이 정해져 있지 않을 경우, 시스템의 진화는 특정될 수 없다. 예컨대 시간 0에서 비둘기가 당신의 머리 위에서 배설을 한다면, 배설물의 낙하 궤도는 뉴턴의 법칙들에 의해서 결정된다. 그러나 시간 0에서 비둘기가 전깃줄에 가만히 앉아 있었느냐 아니면 시속 30킬로미터로 날아가고 있었느냐에 따라서 최종 결과는 전혀 달라질 것이다. 물리학의 법칙들을 적용하려면, 시스템의 초기 상태를 알아야 한다. 또는 적어도 어떤 정해진 시간에 시스템의 상태를 알아야 한다(물론 법칙들을 이용해서 시스템의 과거를 추적할 수도 있다).

자연법칙들이 존재한다는 믿음이 되살아나면서, 자연법칙과 신의 개념을 조화시키려는 노력들도 새로 등장했다. 데카르트에 따르면, 신은 윤리적 명제나 수학 정리의 참 혹은 거짓을 마음대로 바꿀 수 있지만 자연을 마음대로 바꿀 수는 없다. 신은 자연법칙들을 정했지만, 선택의 여지는 없었다고 데카르트는 믿었다. 오히려 신은 우리가 경험하는 법칙들이 유일하게 가능한 법칙들이기 때문에 그것들을 선택했다고 믿었던 것이다. 이와 같은 믿음은 신의 권위를 침해하는 듯한 면이 있지만, 데카르트는 자연법칙들이 변경 불가능한 까닭은 그것들이 신의 고유한 본성을 반영하기 때문이라고 주장함으로써 신의 권위를 옹호했다. 그런데 설령 이 주장을 받아들인다고 하더라도, 신은 다양한 초기 조건들에 대응하는 다양한 세계들을 창조할 여지가 있었다는 생각을 해볼 수 있을 것이다. 그러나 데카르트는 이 생각도 부정했다. 우주의 시초에 물질의 배열이 어떠했건 간에, 시간이 지나면 우리의 세계와 동일한 세계가 진화할 것이라고 그는 주장했다. 더 나아가서 데카르트가 느끼기에 세계는 신에 의해서 작동하기 시작하지만, 그 다음에는 신의 개입 없이 완전히 혼자서 작동했다.

아이작 뉴턴(1643-1727)도 비슷한 입장을 취했다. 뉴턴은 세 가지 운동법칙과 중력법칙을 제시함으로써, 과학 법칙이라는 근대적인 개념이 널리 수용되었다. 그의 법칙들은 지구와 달과 행성들의 궤도를 설명했고 밀물과 썰물 등의 현상을 설명했다. 그가 창조한 방정식들과 그 방정식들에서 우리가 도출한 정교한 수학적 개념들의 체계는 지금도 가르치고 있을 뿐만 아니라, 건축가가 건물을 설계할 때, 기술자가 자동차를 설계할 때, 물리학자가 화성에 갈 로켓의 발사 방향을 결정할 때 항상 이용되고 있다. 시인 알렉산더 포프는 이렇게 썼다.

자연과 자연법칙들은 어둠 속에 있었네.

그때 신께서 뉴턴이 있으라고 말씀하시니 모든 것이 밝아졌네(신은 천지창조 첫날에 "빛이 있으라"고 했다/역주).

오늘날의 과학자들 대부분은 자연법칙은 관찰된 일관성에 기초를 둔 규칙(rule)이며, 규칙은 그 규칙이 토대를 둔 직접적인 상황들을 넘어선 예측들을 제공한다고 말할 것이다. 예를 들면 우리는 지금까지 매일 아침 동쪽에서 해가 뜬 것을 관찰하고서 "해는 항상 동쪽에서 뜬다"라는 법칙을 가정할 수 있을 것이다. 이 법칙은 우리의 한정된 일출 관찰을 넘어선 일반화이며 미래에 관한 검증 가능한 예측들을 산출한다. 반면에 "이 사무실의 컴퓨터들은 검다"와 같은 진술은 자연법칙이 아니다. 왜냐하면 이러한 진술은 이 사무실의 컴퓨터들에 대해서만 이야기하고, 예컨대 "만일 내 사무실이 새 컴퓨터를 구매한다면, 검은 컴퓨터를 구매해야 할 것이다" 따위의 예측을 산출하지 않기 때문이다.

오늘날 우리가 "자연법칙(law of nature)"이라는 용어를 어떻게 이해하는가는 철학자들이 장황하게 논하는 주제이며 얼핏 생각하기보다 더 미묘한 질문이다. 예컨대 철학자 존 W. 캐럴은 "모든 둥근 황금 덩어리의 지름은 1마일보다 작다"와 "모든 둥근 우라늄235 덩어리의 지름은 1마일보다 작다"라는 두 진술을 비교했다. 우리가 세계를 관찰해보면, 지름이 1마일 이상 되는 둥근 황금 덩어리는 없다는 것을 알 수 있다. 또한 우리는 그런 황금 덩어리가 앞으로도 영원히 없을 것이라는 것을 거의 확신할 수 있다. 그럼에도 그런 황금 덩어리가 있을 수 없다고 믿어야 할 근거는 없고, 따라서 위의 진술은 법칙으로 간주되지 않는다. 반면에 "모든 둥근 우라늄235 덩어리의 지름은 1마일보다 작다"라는 진술은 자연법칙으로 간주될 수 있다. 왜냐하면 우리의 핵물리학 지식에 따르면, 둥근 우라늄235 덩어리의 지름이 약 15센티미터보다 커지면 핵폭발이 일어나서 그 덩어리가 파괴되기 때문이다. 따라서 우리는 지름 1마일짜리 우라늄235 덩어리는 존재하지 않는다고 확신할 수 있다(그런 덩어리를 만들어볼 생각은 꿈에도 하지 마시라!). 이 차이는 우리의 관찰을 일반화한 결과가 늘 자연법칙으로 간주되는 것은 아니며 거의 모든 자연법칙은 서로 연결된 법칙들로 이루어진 더 큰 시스템의 한 부분으로서 존재함을 생생하게 보여준다는 점에서 중요하다.

현대 과학에서 자연법칙들은 대개 수학의 언어로 표현된다. 그것들은 엄밀할 수도 있고 근사적일 수도 있지만, 이제껏 이루어진 관찰 사례들에서 예외 없이 성립해야 한다. 아니, 정확히 말하면, 자연법칙은 비록 모든 사례에서 보편적으로 성립하지는 않더라도, 최소한 규정된 조건들에 맞는 사례들에서는 예외

없이 성립해야 한다. 예컨대 물체들이 광속에 가까운 속도로 운동하는 사례들에서는 뉴턴의 법칙들이 수정되어야 하는 것을 오늘날 우리는 안다. 그럼에도 우리는 뉴턴의 법칙들을 법칙으로 간주한다. 왜냐하면 그것들은 적어도 광속보다 훨씬 느린 속도들만 등장하는 일상세계의 조건에서는 매우 훌륭한 근사적(近似的) 법칙으로 성립하기 때문이다.

만일 법칙들이 자연을 지배한다면, 다음의 세 가지 질문이 제기된다.

1. 법칙들의 기원은 무엇일까?
2. 법칙의 예외, 이를테면 기적은 존재할까?
3. 가능한 법칙들의 집합은 오직 하나뿐일까?

과학자들과 철학자들과 신학자들은 이 중요한 질문들을 다양한 방식으로 다루어왔다. 첫 번째 질문에 대한 전통적인 대답—케플러, 갈릴레오, 데카르트, 뉴턴의 대답—은 법칙들이 신의 작품이라는 것이었다. 그러나 이 대답은 신을 자연법칙들의 화신으로 정의하는 것과 다름없다. 신에게 구약성서의 신이라는 따위의 다른 속성들을 부여하지 않는다면, 신을 위의 첫 질문의 대답으로 제시하는 것은 하나의 수수께끼를 다른 수수께끼로 바꾸는 것에 불과하다. 요컨대 만일 우리가 그 질문의 대답에서 신을 언급한다면, 진짜 문제는 두 번째 질문이 된다. 기적, 곧 법칙의 예외가 존재할까?

두 번째 질문에 대한 대답들은 전통적으로 선명하게 양분되었다. 고대 그리스의 저자들 가운데 가장 큰 영향력을 발휘한 플라톤과 아리스토텔레스는 법칙은 예외가 있을 수 없다고 주장했다. 반면에 성서의 관점을 채택할 경우, 신은 법칙을 창조했을 뿐만 아니라 예외를 허락해달라는 기도를 들어주는 존재이다. 신은 죽음이 임박한 환자를 치유하고, 가뭄을 서둘러 끝내고, 크로케 경기를 올림픽 종목으로 복귀시킬 수 있다. 데카르트의 견해와 정반대로, 거의 모든 기독교 사상가들은 신이 법칙들을 일시적으로 무력화하고 기적을 성취할 수 있어야 한다고 주장했다. 심지어 뉴턴도 그런 기적을 믿었다. 그는 신이 개입하지 않는다면, 행성들의 궤도가 불안정할 것이라고 생각했다. 왜냐하면 행성들은 서로를 중력으로 끌어당겨 서로의 궤도를 교란시키는데, 그 교란이 점차 누적되면, 결국 행성들이 태양과 충돌하거나 태양계 바깥으로 내던져질 것이기 때문이었다. 그러므로 신은 행성들의 궤도를 계속 재조정해야 한다고, "천상의 시계가 작동을 멈추지 않도록 태엽을 감아야" 한다고 뉴턴은 믿었다. 그러나 라플라스(1749-1827)(정식 이름은 드 라플라스 후작, 피에르-시몽)는 그 건드림(교란)이 누적되지 않고 주기적일 것이라고, 즉 일정한 주기로 커지고 작아지기를 반복할 것이라고 주장했다. 태양계는 그처럼 스스로 자신을 재조정할 것이었다. 따라서 태양계가 현재까지 유지된 까닭을 설명하기 위해서 신의 개입을 들먹일 필요는 없다는 것이 라플라스의 입장이었다.

라플라스는 일반적으로 과학적 결정론을 분명하게 주장한 최초의 인물로 간주된다. 과학적 결정론이란, 어느 한 시점에서 우주의 상태가 주어지면, 완전한 법칙들의 집합에 의해서 우주의 미래와 과거가 철저히 결정된다는 입장이다. 이 입장은 기적이나 신의 능동적 역할의 가능성을 배제한다. 라플라스가 제시한 과학적 결정론은 위의 두 번째 질문에 대한 근대 과학자들의 대답이다. 더 나아가서 그것은 모든 근대 과학의 토대이며, 이 책 전체에서 중요한 원리가 된다. 어떤 초자연적인 존재가 개입하지 않기로 결심할 때에만 성립하는 자연법칙은 자연법칙이 아니다. 나폴레옹은 라플라스의 과학적 결정론을 인정하고 그에게 신과 그의 세계관이 어떻게 조화를 이루느냐고 물었다. 라플라스는 이렇게 대답했다. "폐하, 신이라는 가설은 저에게 불필요했습니다."

인간은 우주 안에서 살면서 다른 물체들과 상호작용하므로, 과학적 결정론은 인간에게도 적용되어야 한다. 그러나 많은 이들은 과학적 결정론이 물리 과정들을 지배함을 인정하면서도 인간의 행동만큼은 예외로 삼으려고 한다. 왜냐하면 그들은 우리에게 자유의지가 있다고 믿기 때문이다. 예를 들면 데카르트는 자유의지의 개념을 보존하기 위해서 인간의 정신은 물리세계와 다른 어떤 것이며 그 세계의 법칙들을 따르지 않는다고 단언했다. 데카르트에 따르면, 인간은 신체와 영혼이라는 두 요소로 이루어졌다. 신체는 평범한 기계일 뿐이지만, 영혼은 과학법칙에 종속되지 않는다. 해부학과 생리학에 관심이 많았던 데카르트는 뇌의 중앙에 있는 "송과선(松果線)"이라는 작은 기관

"여기 이 두 번째 단계에서 좀더 명확한 설명이 필요하다고 생각합니다."

을 영혼이 주로 머무는 장소로 간주했다. 송과선은 우리의 모든 생각이 형성되는 장소, 우리의 자유의지가 솟아나는 샘이라고 그는 믿었다.

인간에게 자유의지가 있을까? 우리에게 자유의지가 있다면, 진화의 역사에서 언제 자유의지가 발생했을까? 남조류나 박테리아에게 자유의지가 있을까, 아니면 그것들의 행동은 자동적이고 과학법칙의 유효 범위 안에 있을까? 다세포생물만, 또는 포유류만 자유의지가 있을까? 침팬지가 바나나를 먹을 때, 또는 고양이가 소파를 물어뜯을 때, 우리는 그 동물들이 자유의지를 행사한다고 생각할 수도 있을 것이다. 그렇다면 겨우 959개의 세포로 이루어진 단순한 선형동물인 예쁜꼬마선충이 먹이를 먹는 것도 자유의지의 행사일까? 아마 그 녀석은 "저건 내가

저 뒤에서 잡아먹은 엄청 맛있는 박테리아야" 하고 생각할 리가 없을 것이다. 그러나 그 녀석도 먹이에 대한 취향이 확실하므로 최근 경험이 어떠했느냐에 따라서 구미가 당기지 않는 먹이를 참고 먹든지 아니면 더 나은 먹이를 찾으러 갈 것이다. 이것은 자유의지의 행사일까?

물론 우리는 우리의 행동을 스스로 선택할 수 있다고 느끼지만, 생물학의 분자적 토대에 관한 우리의 지식은 생물학적 과정들이 물리학과 화학의 법칙들에 의해서 지배되며 따라서 행성의 궤도와 마찬가지로 결정되어 있음을 보여준다. 신경과학의 최근 실험들은, 알려진 과학법칙들을 따르는 우리의 물리적인 뇌(physical brain)가 우리의 행위를 결정하는 것이지, 그 법칙들과 별개로 존재하는 어떤 행위자가 우리의 행위를 결정하는 것이 아니라는 생각에 힘을 실어준다. 예를 들면 의식이 있는 상태에서 뇌수술을 받는 환자들을 연구한 결과, 뇌의 특정 구역들을 전기로 자극하면 환자가 손이나 팔이나 발을 움직이고 싶은 욕구, 또는 입술을 움직이고 말하고 싶은 욕구를 느끼게 만들 수 있다는 것이 밝혀졌다. 우리의 행동이 물리법칙에 의해서 결정된다면, 어떻게 자유의지가 작동할 수 있는지 상상하기 어렵다. 따라서 우리는 생물학적 기계일 따름이고 자유의지는 착각에 불과한 것인 것 같다.

인간의 행동이 정말로 자연법칙들에 의해서 결정된다는 것을 인정하더라도, 다른 한편으로 인간의 행동은 워낙 많은 변수들에 의해서 아주 복잡한 방식으로 결정되므로 실질적으로 예측이 불가능하다고 결론짓는 것이 타당할 듯하다. 그 예측을 위해서는 인간의 몸을 이루는 무수한 분자들 각각의 초기 상태를 알고 이를테면 그만큼 많은 방정식들을 풀어야 할 테니까 말이다. 그러려면 이삼십억 년이 걸릴 텐데, 상대방이 펀치를 날릴 것을 미리 알고 고개를 숙이려는 사람에게 이삼십억 년은 터무니없이 긴 세월일 것이다.

바탕에 있는 물리법칙들을 이용하여 인간의 행동을 예측한다는 것은 매우 비현실적인 생각이기 때문에, 우리는 이른바 유효이론(effective theory)을 채택한다. 물리학에서 유효이론이란 관찰된 특정 현상을, 그 바탕에 있는 모든 과정들을 자세히 기술하지 않으면서 모형화하기 위해서 창조한 이론이다. 예를 들면 우리는 한 사람의 몸을 이루는 원자 각각과 지구를 이루는 원자 각각의 중력의 상호작용을 지배하는 방정식들을 정확하게 풀 수 없다. 그러나 한 사람과 지구 사이의 중력은 그 사람의 몸무게를 비롯한 몇 가지 수들만 알면 어떤 실용적인 목적에도 부족함이 없이 기술할 수 있다. 마찬가지로 우리는 복잡한 원자들과 분자들의 행동을 지배하는 방정식들을 풀 수는 없지만, 화학이라는 유효이론을 개발했다. 그 유효이론은 세세한 상호작용들을 빠짐없이 언급하지 않으면서도 원자들과 분자들이 화학반응에서 어떻게 행동하는지를 적절하게 설명한다. 인간과 관련해서 우리는 인간에게 자유의지가 있다는 유효이론을 사용한다. 왜냐하면 우리가 인간의 행동을 결정하는 방정식들을 풀 수 없기 때문이다. 우리의 의지와 그것에서 유발된 행동을 연구하는 과학은 심리학이다. 경제학 역시 자유의지의 개념을 기초로 한, 그리고 사람들은 행동의 선택지들을 평가하고 최선의 것을 선택한다는 전제를 기초로 한 유효이론이다. 이 유효이론은 인간의 행동을 예측하는 데에 제한적으로만 성공적이다. 왜냐하면 우리 모두가 알듯이, 인간의 결정은 흔히 비합리적이거나 선택의 결과에 대한 불완전한 분석을 기초로 하기 때문이다. 바로 이것이 세상이 엉망진창이 되는 까닭이다.

세 번째 질문은 우주와 인간 행동을 결정하는 법칙들이 유일한가에 관한 것이다. 만일 당신이 첫 번째 질문을 받고 신이 법칙들을 창조했다고 대답한다면, 세 번째 질문은 당신에게 이렇게 묻는다. 신은 그 법칙들 말고 다른 법칙들을 선택할 수도 있었을까? 아리스토텔레스와 플라톤과 데카르트와 아인슈타인은 자연의 원리들이 "필연적으로" 존재한다고 믿었다. 그 믿음의 근거는 지금 존재하는 자연의 원리들만이 유일하게 논리적으로 이치에 타당하다는 것이었다. 아리스토텔레스와 그의 추종자들은 자연법칙들이 논리에서 기원했다고 믿었기 때문에 자연이 실제로 어떻게 행동하는지에 많은 관심을 기울이지 않아도 그 법칙들을 "도출할" 수 있다고 생각했다. 게다가 그 법칙들이 구체적으로 무엇인가 하고 묻기보다 왜 사물들이 그 법칙들을 따르는가에 초점을 두었기 때문에, 아리스토텔레스는 주로 정성적(定性的, qualitative) 법칙들을 추구했는데, 그것들은 흔히 틀렸거나 그다지 쓸모가 없었다. 물론 그것들이 여러 세기 동안 과학 사상을 지배한 것은 사실이다. 갈릴레오와 같은 사람들이 아리스토텔레스의 권위에 도전하고, 순수한 "이성"이 자연에게 명령한 행동이 아니라 자연의 실제 행동을 관찰한 것은 훨씬 더 나중에 이르러서였다.

이 책은 과학적 결정론에 뿌리를 둔다. 따라서 위의 두 번째 질문에 대한 이 책의 대답은 기적 혹은 자연법칙의 예외는 존재하지 않는다는 것이다. 반면에 첫 번째 질문과 세 번째 질문, 곧 자연법칙의 유래와 유일성에 관한 질문들은 나중에 다시 깊이 있게 논의될 것이다. 하지만 우선 다음 장에서 우리는 자연법칙이 무엇을 기술하는가라는 문제를 다룰 것이다. 대부분의 과학자들은 자연법칙이 관찰자에게 대해서 독립적으로 존재하는 외적인 실재의 수학적 반영이라고 말할 것이다. 그러나 우리가 주위 세계를 관찰하고 그에 관한 개념들을 형성하는 방식을 숙고하면, 다음과 같은 질문에 부딪히게 된다. 객관적인 실재가 존재한다고 믿을 근거가 정말로 존재할까?

3

실재란 무엇인가?

몇 년 전에 이탈리아 몬차 시의 시의회는 금붕어를 둥근 어항에서 키우는 행위를 금지했다. 이 조치를 주창한 인물의 설명에 따르면, 물고기를 둥근 어항에서 키우는 것은 잔인한 행위인데, 왜냐하면 그런 어항 안에서 바깥을 바라보는 물고기는 실재의 왜곡된 상을 볼 것이기 때문이다. 그렇다면 우리가 실재의 참되고 왜곡되지 않은 상을 본다고 어떻게 확신할 수 있을까? 혹시 우리도 어떤 거대한 어항 속에서 거대한 렌즈에 의해서 왜곡된 상을 보는 것이 아닐까? 금붕어의 실재상(實在像)은 우리의 실재상과 다르다. 그러나 전자가 후자보다 덜 실재적이라고 확신할 수 있을까?

금붕어의 시각은 우리의 시각과 다르지만, 금붕어도 둥근 어항 바깥의 물체들의 운동을 지배하는 과학법칙들을 정식화(定式化)할 수 있을 것이다. 예컨대 힘을 받지 않는 물체의 운동을 우리라면 직선운동으로 관찰하겠지만, 금붕어는 곡선운동으로 관찰할 것이다. 그럼에도 금붕어는 자기 나름의 왜곡된 기준 틀(frame of reference)을 토대로 삼아 과학법칙들을 정식화할 수 있을 것이고, 그 법칙들은 항상 성립하면서 금붕어로 하여금 어항 바깥의 물체들의 미래 운동을 예측할 수 있도록 해줄 것이다. 금붕어가 세운 법칙들은 우리의 틀에서 성립하는 법칙들보다 더 복잡하겠지만, 복잡함이나 단순함은 취향의 문제이다. 만일 금붕어가 그런 복잡한 이론을 구성했다면, 우리는 그것을 타당한 실재상으로 인정해야 할 것이다.

다른 실재상의 유명한 예로는 기원후 150년경에 프톨레마이오스(85?-165?)가 천체들의 운동을 기술하기 위해서 도입한 모형이 있다. 그는 자신의 연구를 13권의 연구서로 출판했는데, 일반적으로 그 연구서는 아랍어 제목 「알마게스트(*Almagest*)」

프톨레마이오스의 우주 프톨레마이오스는 우리가 우주의 중심에서 산다고 믿었다.

로 알려져 있다. 그 책은 지구가 공 모양이고 움직이지 않으며 우주의 중심에 있고 천체들까지의 거리에 비해 미미할 정도로 작다는 생각의 근거를 제시하는 것으로 시작된다. 아리스타르코스의 태양 중심 모형이 있기는 했지만, 적어도 아리스토텔레스 이래로 대부분의 그리스 지식인들은 프톨레마이오스의 생각을 옹호했다. 아리스토텔레스는 신비주의적인 이유에서 지구가 우주의 중심이 되어야 한다고 믿었다. 프톨레마이오스의 모형에서 지구는 중심에 멈추어 있고 행성들과 별들은 주전원(周轉圓)이 포함된 복잡한 궤도를 따라서 지구 주위를 돌았다. 주전원이란 말하자면 큰 바퀴에 붙어 있는 작은 바퀴였다.

우리는 (지진이 일어나거나 우리가 걱정에 휩싸이지 않는 한) 우리의 발밑에 있는 땅이 움직이는 것을 느끼지 못하므로, 프톨레마이오스의 모형은 자연스러워 보였다. 나중에 유럽의 교육은 전승된 그리스 원전들을 토대로 삼았고, 따라서 아리스토텔레스와 프톨레마이오스의 생각들은 유럽 사상의 많은 부분의 토대가 되었다. 프톨레마이오스의 우주 모형은 가톨릭 교회에 의해서 1,400년 동안 공식 교리로 채택되었다. 코페르니쿠스가 자신의 저서 「천구의 회전에 관하여」에서 대안 모형을 제시한 것은 1543년에 이르러서였다. 그 저서는 저자가 (수십 년 전에 연구한 이론을 내용으로 삼았지만) 죽은 해에 비로소 출판되었다.

약 1,700년 전의 아리스타르코스와 마찬가지로 코페르니쿠스는 태양이 멈추어 있고 행성들이 원형 궤도를 따라서 태양 주위를 도는 우주를 기술했다. 그 생각은 새롭지 않았음에도, 그 생각의 부활은 거센 저항을 불러왔다. 코페르니쿠스의 모형은 성서와 충돌한다고 생각되었다. 사람들은 행성들이 지구 주위를 돈다는 것이 성서의 가르침이라고 해석했다. 성서에는 그런 명확한 진술이 전혀 없는데도 말이다. 실제로 성서가 씌어질 당시의 사람들은 지구가 평평하다고 믿었다. 코페르니쿠스의 모형은 지구가 멈추어 있는지 여부에 관한 뜨거운 논쟁을 일으켰고, 그 논쟁의 정점은 1633년에 갈릴레오가 받은 재판이었다. 갈릴레오는 코페르니쿠스의 모형을 옹호하고 "이미 성서에 반한다고 선언되고 명시된 견해를 개연성 있는 견해라고 주장하고 옹호하고 있다"고 생각했기 때문에 이단 혐의로 재판을 받았다. 그는 여생이 가택연금에 처해지는 유죄 판결을 받자 어쩔 수 없이 자신의 주장을 철회했다. 그는 "에푸르 시 무오베(Eppur si muove)", 즉 "그래도 그것은 돈다"라고 낮은 목소리로 중얼거렸다고 한다. 결국 1992년에 로마 가톨릭 교회는 갈릴레오에게 유죄판결을 내린 것은 잘못이었다고 인정했다.

그렇다면 무엇이 실재(實在, reality)에 부합할까? 프톨레마이오스의 모형일까, 아니면 코페르니쿠스의 모형일까? 드물지 않게 사람들은 프톨레마이오스의 오류를 코페르니쿠스가 증명했다고 말하지만, 그것은 정확하지 않다. 우리의 시각과 금붕어의 시각에 관한 이야기에서와 같이, 양쪽 모두 우주의 모형으로 쓰일 수 있다. 천체들에 관한 우리의 관찰 자료들을 지구가 멈춰 있다는 전제하에서 설명할 수도 있고 태양이 멈추어 있다는 전제하에서 설명할 수도 있기 때문이다. 물론 코페르니쿠스의 모

52

형은 우리 우주의 본성에 관한 철학적 논쟁에서 중요한 역할을 하지만, 그 모형의 진정한 장점은 단지 태양이 멈추어 있는 기준 틀에서 운동 방정식들이 훨씬 더 간단하다는 것뿐이다.

공상과학 영화 「매트릭스(*The Matrix*)」에는 또 다른 유형의 대안적(代案的) 실재가 등장한다. 그 영화에서 인류는 시뮬레이션된 가상실재(가상현실) 속에서 살지만, 그런 사실을 알지 못한다. 그 가상실재는 지능이 높은 컴퓨터들이 인류를 불만이 없는 상태로 평온하게 관리하면서 인류의 생체 전기 에너지(그것이 무엇인지는 모르겠지만)를 빨아들이기 위해서 창조한 것이다. 이것은 괜한 억지 설정이 아닐 수도 있다. 실제로 많은 사람들이 진짜 실재 속에서보다 "세컨드 라이프(Second Life)"를 비롯한 웹사이트들의 시뮬레이션된 실재 속에서 시간을 보내기를 더 좋아하니까 말이다. 혹시 우리는 어떤 컴퓨터가 창조한 연속극의 등장인물들에 불과한 것이 아닐지, 어떻게 알겠는가? 만일 우리가 상상된 가짜 세계 속에 산다면, 사건들(events)이 어떤 논리나 일관성이 없이도 발생하고, 법칙들을 따르지 않을 수도 있을 것이다. 그 세계를 통제하는 외계인들은 예컨대 보름달이 양분될 때 나타나는 우리의 반응을, 또는 살을 빼려고 노력하는 사람들이 바나나 크림파이를 미친 듯이 먹어치우는 모습을 보면서 더 큰 재미를 느낄 수도 있을 것이다. 그러나 만일 그 외계인들이 일관된 법칙들을 설정했다면, 시뮬레이션된 실재의 배후에 또 다른 실재가 있는지 여부를 우리는 알 길이 없을 것이다. 외계인들이 사는 세계를 "진짜" 세계, 그들이 창조하여 통제하는 세계를 "가짜" 세계로 구분하면 쉽겠지만, 시뮬레이션된 세계 속에 사는 존재들이 그 세계의 바깥으로 나가 그 세계를 바라볼 수 없는 한, 그들로서는 그들의 실재상을 의심할 근거가 없을 것이다. 이것은 우리 모두가 다른 누군가의 꿈에 등장하는 허구적인 존재라는 생각의 현대적인 버전이다.

이 예들은 우리를 이 책에서 중요하게 다루어질 다음의 결론으로 이끈다. 그림이나 이론에 의존하지 않는 실재의 개념은 없다. 그러므로 우리는 "모형 의존적 실재론"이라는 입장을 채택할 것이다. 이 입장에 서면, 물리학적 이론 혹은 세계상은 (대개 수학의 성격을 띤) 모형과 그 모형의 요소들을 관찰 자료와 연결하는 규칙들이다. 이 입장은 현대 과학의 해석에서 기본 골격의 구실을 한다.

플라톤 이래로 철학자들은 실재의 본성을 논해왔다. 고전과학은 진짜 외부 세계가 있고 그 세계의 속성들은 관찰자에게 대해서 독립적으로 확정되어 있다는 믿음을 기초로 한다. 고전과학에 따르면, 대상들은 존재하고 속도와 질량 등의 물리적 속성들을 지니고 있으며, 그 속성들은 잘 정의된 값을 지니고 있다. 이 관점을 채택하면, 우리의 이론들은 그 대상들과 그 속성들을 기술하려는 노력이며, 우리의 측정과 지각은 그 속성들에 부합된다. 관찰자와 관찰 대상은 둘 다 객관적으로 존재하는 세계의 일부이며 둘 사이의 구분은 대수롭지 않다. 바꿔 말해서, 만일 당신이 주차장에서 자리다툼을 하는 얼룩말 떼를 본다면, 그것은 진짜로 주차장에서 자리다툼을 하는 얼룩말 떼가 있기 때문이다. 그 광경을 보는 다른 모든 관찰자들은 똑같은 속성들을 측정할 것이며, 누가 보든 말든, 그 얼룩말 떼는 그 속성들을 가지고 있을 것이다. 철학에서는 이런 믿음을 일컬어 실재론(realism)이라고 한다.

나중에 보겠지만, 실재론은 매력적인 관점일 수도 있다. 그러나 우리의 현대 물리학의 지식은 실재론을 옹호하기 어렵게 만든다. 예컨대 자연에 대한 정확한 기술인 양자물리학의 원리들에 따르면, 입자의 위치나 속도는 관찰자에 의해서 측정될 때까지 확정되지 않았다. 그러므로 측정을 하면 특정한 값이 나오는 까닭은 측정되는 양이 측정 순간에 그 값을 지니고 있었기 때문이라는 말은 옳지 않다. 더 나아가서 어떤 경우에는 개별 대상들이 독립적으로 존재하는 것이 아니라 다수의 앙상블의 부분으로서만 존재한다. 또 만일 "홀로그래피 원리(holographic principle)"라는 이론이 옳다면, 우리와 우리의 4차원 세계는 더 큰 5차원 시공(space-time)의 경계에 드리운 그림자일 수도 있다. 그렇다면 우주 안에서 우리의 지위는 곡면 어항 속의 금붕어의 지위와 비슷할 것이다.

완강한 실재론자들은 과학이론이 실재를 반영한다는 것은 그 이론의 성공에 의해서 증명된다고 흔히 주장한다. 그러나 다양한 이론들이 본질적으로 다른 개념 틀들을 통해서 동일한 현상을 성공적으로 기술할 수 있다. 실제로 전혀 새로운 실재 개념에 토대를 둔 또 다른 성공적인 이론이 이미 성공한 것으로 증명된 과거의 이론을 대체한 사례가 많이 있다.

　실재론을 받아들이지 않는 사람들은 전통적으로 반실재론자라고 불렸다. 반실재론자들은 경험적인 지식과 이론적인 지식을 구분한다. 대개 그들은 관찰과 실험은 유의미하지만, 이론은 유용한 도구일 뿐, 관찰된 현상의 바탕에 있는 심오한 진리의 표현이 아니라고 주장한다. 일부 반실재론자들은 과학을 관찰 가능한 것들에 국한시키기를 원했다. 그래서 19세기의 많은 반실재론자들은 우리가 원자를 영원히 못 볼 것이라는 이유로 원자의 개념을 배척했다. 조지 버클리(1685-1753)는 정신과 관념들 외에는 아무것도 존재하지 않는다는 말까지 했다. 어느 친구가 영국의 작가이며 사전 편집자인 새뮤얼 존슨 박사(1709-1784)에게 버클리의 주장을 반박할 길이 없다고 말하자, 존슨

"두 분은 공통점이 있어요. 데이비스 박사님은 아무도 못 본 입자를 발견하셨고요, 힉비 교수님은 아무도 못 본 은하를 발견하셨어요."

은 커다란 돌멩이 앞으로 걸어가서 그것을 차면서 "나는 이렇게 반박하네"라고 선언했다고 한다. 그러나 존슨 박사가 발에 느낀 통증 역시 그의 정신 속의 관념이었으므로, 그는 버클리의 사상을 제대로 반박하지 못했다. 그러나 그의 행동은 철학자 데이비드 흄(1711–1776)의 관점을 생생하게 예시한다. 우리는 비록 객관적 실재를 믿을 합리적인 근거를 가지고 있지 않지만, 그 믿음이 참인 것처럼 행동할 수밖에 없다고 흄은 썼다.

모형 의존적 실재론(model-dependent realism)은 실재론과 반실재론이 벌여온 이 모든 논쟁과 토론을 우회한다. 모형 의존적 실재론에 따르면, 모형이 실재에 부합하느냐는 질문은 무의미하고, 오직 모형이 관찰에 부합하느냐는 질문만 유의미하다.

금붕어가 본 풍경과 우리가 본 풍경에 관한 이야기에서처럼, 관찰에 부합하는 두 모형이 있다면, 한 모형이 다른 모형보다 더 실재에 가깝다는 말은 할 수 없다. 해당 상황에서 더 편리하다면, 어떤 모형을 써도 무방하다. 예컨대 관찰자가 어항 안에 있다면, 금붕어의 실재상이 유용하겠지만, 먼 은하에서 일어나는 사건들을 지구에 있는 어항 속을 기준으로 삼아 기술하는 것은, 특히 어항이 지구의 자전과 공전에 의해서 움직일 것이므로, 어항 바깥의 사람들이 보기에 매우 불편한 방식일 것이다.

우리는 과학을 할 때뿐만 아니라 일상생활에서도 모형을 만든다. 모형 의존적 실재론은 과학적 모형뿐만 아니라 우리 모두가 일상세계를 해석하고 이해하기 위해서 창조하는 의식적, 무의식적 정신적 모형들에도 적용된다. 우리의 감각과 생각과 추론을 통해서 창조된 우리의 세계 지각에서 관찰자—우리—를 떼어낼 길은 없다. 우리의 지각은—따라서 우리의 이론이 토대로 삼는 관찰도—직접적이지 않고 오히려 일종의 렌즈에 의해서, 인간 뇌의 해석 구조에 의해서 형성된다.

모형 의존적 실재론은 우리가 대상들을 지각하는 방식에 부합한다. 눈을 통한 지각에서, 우리의 뇌는 시신경을 통해서 일련의 신호를 받는다. 그 신호들은 텔레비전 화면처럼 선명한 상을 만들지 않는다. 시신경이 망막과 연결되는 위치에 맹점이 있을 뿐 아니라, 시야 전체에서 해상도가 좋은 부분은 오직 망막의 중앙에서 대략 시각(視角) 1도 이내의 좁은 구역뿐이다. 그 구역의 폭은 당신이 팔을 앞으로 뻗고 엄지손가락을 세웠을 때 그 엄지손가락의 폭과 같다. 그러므로 뇌에 들어온 미가공 데이터는 상태가 아주 나쁘고 구멍까지 뚫어져 있는 그림이다. 다행히 인간의 뇌는 그 데이터를 처리한다. 양쪽 눈에서 온 입력을 조합하고, 가까운 지점들의 시각적(視覺的) 속성은 유사하다는 전제 하에서 구멍들을 메우게 된다. 더 나아가서 인간의 뇌는 망막에서 온 2차원 데이터 배열을 읽어서 3차원 공간의 인상을 창조한다. 요컨대 뇌는 정신적인 그림 혹은 모형을 구성하는 것이다.

뇌의 모형 만들기 능력은 매우 뛰어나다. 사람들에게 사물이 거꾸로 보이도록 만드는 안경을 씌워 놓고 어느 정도 시간이 지나면, 그들의 뇌는 모형을 바꾸어서 그들이 다시 사물을 똑바로 보게 만든다. 이때 그들의 안경을 벗기면, 그들은 한동안 거꾸로 된 세상을 보다가 다시 현실에 적응하여 똑바로 된 세상을 본다. 여기에서 알 수 있듯이, "나는 의자를 본다"라고 누가 말할 때, 그 말의 참뜻은, 그가 의자에서 산란된 빛을 이용해서 의자의 상 혹은 모형을 만들었다는 것이다. 설령 그 모형이 거꾸로 되어 있더라도, 운이 좋을 경우, 그의 뇌는 그가 의자에 앉으려고 하기 전에 모형을 수정할 것이다.

모형 의존적 실재론이 해결하거나 최소한 우회하는 또 하나의 문제는 존재의 의미이다. 내가 방에서 나가 방안의 테이블을 볼 수 없다면, 나는 그 테이블이 여전히 존재한다는 것을 어떻게 알까? 우리가 볼 수 없는 것들, 예컨대 전자(電子, electron)나 쿼크(quark)—양성자(陽性子, proton)와 중성자(中性子,

neutron)의 재료라고 하는 입자들—이 존재한다는 말은 무슨 뜻일까? 내가 방에서 나가면 테이블이 사라지고 내가 다시 들어오면 테이블이 똑같은 위치에 다시 나타나는 모형을 채택할 수도 있을 것이다. 그러나 그런 모형은 불편할 것이다. 또 내가 바깥에 있는 동안 예컨대 방의 천장이 무너지는 따위의 일이 발생하면 어떻게 할 것인가? "내가 방에서 나가면 테이블이 사라진다"는 모형을 채택할 경우, 내가 다시 방에 들어가보니 테이블이 무너진 천장의 잔해에 깔린 채 부서져 있다면, 나는 그 사실을 어떻게 설명할 수 있겠는가? 내가 방에서 나가도 테이블이 그대로 있는 모형은 훨씬 더 단순하고 관찰에 부합한다. 모형이 단순하고 관찰에 부합한다면, 더 이상 바랄 것은 없다.

우리가 볼 수 없는 아원자입자(亞原子粒子, subatomic particle)들의 경우, 전자는 예컨대 구름상자 속의 궤적과 텔레비전 수상관의 광점(光點) 등의 수많은 관찰 자료를 설명하는 유용한 모형이다. 전자는 1897년에 영국 물리학자 J. J. 톰슨이 케임브리지 대학의 캐번디시 연구소에서 발견했다고 한다. 그는 텅 빈 유리관 속에서 일어나는 전기의 흐름, 즉 "음극선(陰極線, cathode ray : p. 62 사진)"이라는 현상을 실험하던 중이었다. 그 실험을 토대로 그는 그 미지의 선이 아주 작은 "미립자들(corpuscles)"로 이루어졌고, 그것들은 당시에 물질의 궁극적인 기본 단위로 생각한 원자의 구성 성분이라는 대담한 결론에 도달했다. 톰슨은 전자를 "보지" 못했고, 그의 추측은 그의 실험에 의해서 직접 혹은 명백하게 입증되지 않았다. 그러나 그 모형은 기초과학에서부터 공학에 이르기까지 수많은 사례에서 결정적으로 중요함이 밝혀졌고, 오늘날의 모든 물리학자는 전자를 볼 수 없음에도 불구하고 전자의 존재를 믿는다.

역시 우리 눈에 보이지 않는 쿼크는 원자핵 속에 있는 양성자와 중성자의 속성들을 설명하기 위한 모형이다. 우리는 양성자와 중성자가 쿼크들로 이루어졌다고 말하지만, 영원히 쿼크를 관찰하지 못할 것이다. 왜냐하면 쿼크들 사이의 결합력은 거리에 비례하여 증가하므로, 고립된 외톨이 쿼크는 자연에 존재할 수 없기 때문이다. 쿼크들은 항상 세 개가 집단(양성자나 중성자)을 이루거나 쿼크 두 개와 반(反)쿼크 한 개가 집단(파이 중간자[pi meson])을 이루어 나타나며, 고무 밴드로 묶여 그런 집단들을 이룬 것처럼 행동한다.

쿼크 하나를 고립시키는 것이 절대로 불가능한데도 쿼크가 존재한다고 말하는 것이 합당하느냐는 질문은 쿼크 모형이 처음 제시된 후 몇 년 동안 많은 논쟁을 일으켰다. 특정 입자들이 더 작은 입자들(sub-subnuclear particles)의 다양한 조합으로 이루어졌다는 생각은 그 특정 입자들의 속성들을 간단하고 설득력 있게 설명하는 데에 유용했다. 그러나 물리학자들이 데이터에서의 통계적인 특징에 근거를 두고 그 존재가 추론되기만 한 입자들을 받아들이는 데에 익숙하다고 할지라도, 원리적으로 관찰 불가능할 수도 있는 입자에 실재성을 부여하는 것은 많은 물리학자들에게 너무 심한 짓이었다. 그러나 세월이 흐르고 쿼크 모형이 옳은 예측을 점점 더 많이 산출하자, 그 모형에

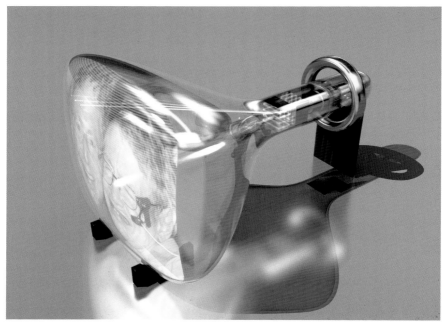

음극선 우리는 낱낱의 전자들을 볼 수 없지만, 전자들이 일으키는 결과들을 볼 수 있다.

대한 반발은 잦아들었다. 물론 팔이 17개이고 맨눈으로 적외선을 보며 귀에서 굳은 크림을 뿜어내는 버릇이 있는 외계인들이 우리와 똑같은 실험과 관찰을 하더라도 그 실험과 관찰을 쿼크 없이 기술할 가능성은 충분히 있다. 그럼에도 쿼크는 존재한다고 모형 의존적 실재론은 말한다. 정확히 말해서 쿼크는 아원자 입자들의 행동에 관한 우리의 관찰들에 부합하는 어떤 모형 안에서 존재한다.

모형 의존적 실재론은 예컨대 다음 질문을 논하기 위한 기본

62

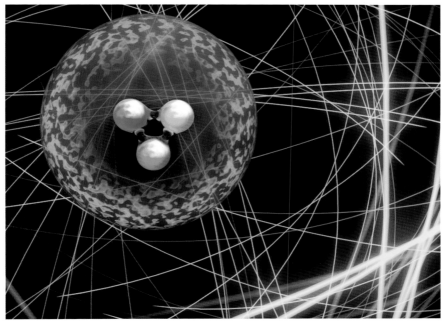

쿼크 개별 쿼크들을 관찰할 수 없다고 하더라도, 쿼크의 개념은 기본입자 물리학 이론들의 필수 요소이다.

틀을 제공할 수 있다. 세계가 유한한 과거에 창조되었다면, 그 이전에는 무슨 일이 있었을까? 정답은 신이 그런 질문들을 던지는 사람들을 위해서 지옥을 준비하고 있었다는 것이라는 우스갯소리도 있지만, 초기 기독교 철학자 성 아우구스티누스(354-430)는 신의 창조가 그리 멀지 않은 과거에 이루어졌다고 믿으면서, 시간은 신이 창조한 세계의 속성이므로 창조 이전에는 존재하지 않았고 따라서 위의 질문은 무의미하다고 말했다. 이것은 세계가 "창세기(創世記, Genesis)"의 주장보다 훨씬 더 오래되었음을 화석을 비롯한 증거들이 시사함에도 불구하고 "창세기"의 내용이 글자 그대로 참이라는 입장을 고수하는 사람들이 좋아하는 하나의 가능한 모형이다. (그들이 옳다면, 화석들은 일종의 속임수일까?) 또 하나의 가능한 모형은 시간이 137억 년 전의 빅뱅까지 거슬러 올라간다는 것이다. 우리가 과거에 대해서 할 수 있는 최선의 진술은, 역사적이고 지질학적 증거들을 포함한 우리의 현재 관찰들을 가장 많이 설명하는 모형에 근거를 둔 진술이다. 위의 두 번째 모형은 화석과 방사능 기록들을 설명할 수 있고 우리가 수백만 광년 떨어진 은하들에서 온 빛을 받는다는 사실을 설명할 수 있다. 따라서 이 모형 — 빅뱅 이론(big bang theory) — 은 첫 번째 모형보다 더 유용하다. 그러나 위의 두 모형 중 하나가 다른 모형보다 더 실재적이라고(실재에 더 잘 부합한다고) 말할 수는 없다.

일부 사람들은 시간이 빅뱅보다 더 멀리 거슬러올라간다고 보는 모형을 지지한다. 그런 모형이 현재의 관찰들을 더 잘 설명할지 여부는 아직 불분명하다. 왜냐하면 우주의 진화를 지배하는 법칙들은 빅뱅 시점에서 무력해질 수도 있기 때문이다. 만일 그렇다면, 빅뱅 이전의 시간을 포괄하는 모형을 창조하는 것은 쓸데없는 짓이다. 왜냐하면 우주 진화의 법칙들의 효력이 빅뱅 시점에서 없어진다면, 빅뱅 이전의 존재는 관찰 가능한 영향력을 현재에 끼치지 못할 테니까, 그냥 빅뱅이 우주의 창조였다는 생각을 유지해도 아무 지장이 없을 것이기 때문이다.

좋은 모형은 다음 조건들을 갖춰야 한다.

1. 우아할 것.
2. 자의적이거나 조정 가능한 요소들을 거의 포함하지 않을 것.
3. 기존의 모든 관찰들에 부합하고 그것들을 설명할 것.
4. 만일 틀렸을 경우에 모형을 반증할(모형이 틀렸음을 증명할) 수 있는, 미래 관찰에 관한 상세한 예측들을 내놓을 것.

예를 들면 세계가 네 가지 원소, 곧 물, 불, 흙, 공기로 이루어졌고 물체들 각각은 자신의 목적을 성취하기 위해서 활동한다는 아리스토텔레스의 이론은 우아했고 조정 가능한 요소들을 포함하지 않았다. 그러나 많은 경우에 그 이론은 확정적인 예측을 내놓지 못했고, 내놓았을 때에는 일부 예측들이 관찰에 부합하지 않았다. 그런 예측들 중 하나는 더 무거운 물체들은 (그것들의 목적은 떨어지는 것이기 때문에) 더 빨리 떨어진다는 것이었다. 갈릴레오가 나타날 때까지는 어느 누구도 이 예측의 검증이 중요하다는 생각을 하지 못했던 것 같다. 이 예측을 검증하기 위해서 갈릴레오가 피사의 사탑에서 무거운 물체들을 떨어뜨렸다는 이야기는 허구일 가능성이 높지만, 그가 경사면에서 다양한 추들을 굴려 내려보내면서 그것들의 속도가 아리스토텔레스의 예측과 달리 똑같은 비율로 증가한다는 것을 관찰한 것은 분명한 사실이다.

위의 조건들은 명백히 주관적이다. 예컨대 우아함(elegance)은 쉽게 측정할 수 있는 것이 아니지만, 과학자들 사이에서 매우 소중하게 평가된다. 왜냐하면 자연법칙들의 본분은 여러 개별 사례들을 간단한 공식 하나로 경제적으로 압축하는 것이기 때문이다. 우아함은 이론의 전반적인 형태와 관련이 있지만, 조정 가능한 요소의 부재와도 밀접한 관련이 있다. 왜냐하면 대충 얼버무린 요소들이 많은 이론들은 그리 우아하지 않기 때문이다. 아인슈타인의 말을 약간 바꿔서 옮기면, 이론은 최대한 단순해야 하지만 그보다 더 단순하면 안 된다. 프톨레마이오스는 자신의 모형으로 천체들의 운동을 정확하게 기술하기 위해서 천체들의 원형 궤도에 주전원들을 추가했다. 만약 그가 그 주전원들에 또 다른 주전원들을 추가하고 심지어 그것들에 또 다시 다른 주전원들을 추가했다면, 그의 모형은 더 정확해질 수도 있었을 것이다. 그렇게 복잡성을 증가시키면 모형이 더 정확해질 수도 있겠지만, 과학자들은 특정한 관찰들에 부합하기 위한 복잡하게 뒤틀린 모형을 마뜩치 않은 것으로 생각한다. 그런 모형은 어떤 유용한 원리를 담고 있을 법한 이론이라기보다 데이터 목록에 가깝다고 여겨진다.

제5장에서 우리는 자연의 기본입자들의 상호작용을 기술하는 "표준 모형(standard model)"이 우아하지 않다고 여기는 사람들이 많다는 것을 보게 될 것이다. 그 모형은 프톨레마이오스의 주전원들보다 훨씬 더 성공적이다. 그 모형은 여러 새로운 입자들이 관찰되기 전에 그것들의 존재를 예측했고 수십 년 동안 이루어진 수많은 실험들의 결과를 매우 정확하게 기술했다. 그러나 그 모형은 조정 가능한 변수를 수십 개나 포함하고 있

다. 그 변수들의 값은 이론 자체에 의해서 결정되는 것이 아니라 그때그때 관찰에 부합하도록 결정되어야 한다.

네 번째 조건과 관련해서, 과학자들은 새롭고 놀라운 예측들이 옳다고 판명될 때 항상 깊은 인상을 받는다. 다른 한편, 어떤 모형의 결함이 발견될 경우, 통상적인 반응은 실험에 문제가 있다는 것이다. 그 말이 옳음이 입증되지 않는다고 하더라도, 사람들은 흔히 모형을 버리는 대신에 수정해서 살리려고 한다. 실제로 물리학자들은 스스로 훌륭하다고 생각하는 이론들을 구하기 위해서 집요하게 노력한다. 그러나 어떤 이론의 수정이 작위적이거나 거추장스럽게 되고 따라서 "우아하지 않게" 되는 지경에 이르면, 그 이론을 수정하는 경향은 점차 사라진다.

새로운 관찰들을 수용하기 위해서 필요한 수정이 너무 기괴해진다면, 그것은 새 모형이 필요하다는 신호이다. 낡은 모형이 새 관찰들의 무게에 눌려 퇴출된 예로 우주가 정적(靜的)이라는 모형을 들 수 있다. 1920년대에 대부분의 물리학자들은 우주가 정적이라고, 즉 우주의 크기가 변하지 않는다고 믿었다. 그런데 1929년에 에드윈 허블이 발표한 관찰들은 우주가 팽창하고 있음을 보여주었다. 그러나 허블은 우주의 팽창을 직접 관찰한 것이 아니었다. 그는 은하에서 나온 빛을 관찰했다. 그 빛은 은하의 구성에 따라서 결정되는 고유의 지문, 즉 스펙트럼을 지녔는데, 만일 은하가 우리에게 대해서 상대적으로 운동한다면, 그 스펙트럼에 변화가 생긴다. 따라서 허블은 먼 은하들의 스펙트럼을 분석함으로써 그 은하들의 속도를 알아낼 수 있었다. 그는 우리로부터 멀어져가는 은하의 개수와 우리에게 다가오는 은하의 개수가 같을 것이라고 예상했다. 그러나 예상 외로 그는 거의 모든 은하들이 우리로부터 멀어지는 중이고 먼 은하일수록 더 빨리 멀어져가는 것을 발견했다. 허블은 우주가 팽창하고 있다는 결론을 내렸지만, 다른 사람들은 기존 모형을 유지하기 위해서 허블의 관찰을 정적인 우주에 맞게 설명하려고 애썼다. 예컨대 캘리포니아 공과대학의 물리학자 프리츠 츠비키는 아직 밝혀지지 않은 어떤 이유로 빛이 먼 거리를 이동하는 동안 천천히 에너지를 잃어갈 수도 있다고, 그 에너지 감소가 허블이 관찰한 스펙트럼 변화의 원인일 수 있다고 주장했다. 허블 이후 수십 년 동안 많은 과학자들은 정적인 우주 이론을 고수했다. 그러나 가장 자연스러운 모형은 허블이 제시한 팽창하는 우주 모형이었고, 결국 그 모형이 수용되었다.

우리는 우주를 지배하는 법칙들을 발견하기 위해서 애쓰면서 수많은 이론, 혹은 모형들을 구성해왔다. 예컨대 4원소 이론, 프톨레마이오스 모형, 플로지스톤(phlogiston) 이론, 빅뱅 이론 등을 말이다. 새로운 이론 혹은 모형이 채택될 때마다, 실재가 무엇이고 우주의 근본 요소들이 무엇인가에 대한 우리의 생각은 바뀌었다. 예를 들면 빛에 관한 이론을 생각해보자. 뉴턴은 빛이 "미립자들(corpuscles)" 즉, 작은 입자들로 이루어졌다고 생각했다.

뉴턴의 모형은 빛이 직선으로 나아가는 이유를 설명할 수 있었다. 또 빛이 한 매질에서 다른 매질로—예컨대 공기에서 유

굴절 뉴턴의 빛 모형은 빛이 한 매질에서 다른 매질로 들어갈 때에 굴절되는 이유를 설명할 수 있었지만, 오늘날 우리가 뉴턴의 원 무늬라고 부르는 현상은 설명할 수 없었다.

리로, 또는 공기에서 물로―들어갈 때 굴절되는 이유도 설명할 수 있었다.

그러나 미립자 이론(corpuscle theory)은 뉴턴 자신이 관찰했으며 오늘날 뉴턴의 원 무늬(Newton's rings)라고 불리는 현상을 설명하는 데는 쓸모가 없었다. 평평한 반사판 위에 볼록렌즈를 놓고 나트륨 조명과 같은 단색의 빛을 쪼이면서 위에서 내려다보면, 렌즈가 반사판에 닿은 지점을 중심으로 밝은 원과 어두운 원이 교대로 반복되는 동심원 무늬가 나타나는데, 이를 뉴턴의 원 무늬라고 한다. 빛의 입자 이론(particle theory)으로 이 현상을 설명하기는 어렵겠지만, 빛의 파동 이론(wave theory)은 이 현상을 쉽게 설명할 수 있다.

빛의 파동 이론에 따르면, 뉴턴의 원 무늬는 간섭(干涉, interference)이라는 현상 때문에 발생한다. 물결과 같은 파동은 마루들과 골들의 연쇄로 이루어진다. 두 파동이 충돌할 때, 만일 한 파동의 마루들과 다른 파동의 마루들이 겹친다면, 두 파동은 서로를 보강하여 더 큰 파동을 만들어낸다. 이것을 일컬어 보강간섭(補强干涉, constructive interference)이라고 하며, 이 경우에 두 파동은 "동위상(同位相, in phase)"이라고 한다. 정반대로 두 파동이 만날 때, 한 파동의 마루들이 다른 파동의 골들과 겹칠 수도 있다. 이 경우에 두 파동은 "역위상(易位相, out of phase)"이라고 하며 서로를 소멸시킨다. 이것을 일컬어 상쇄간섭(相殺干涉, destructive interference)이라고 한다.

뉴턴의 원 무늬에서 밝은 원들은, 반사판과 렌즈 사이의 간격이 파장의 정수배(1, 2, 3, ……)인 지점들에 생긴다. 그 지점들에서는 렌즈에서 반사된 파동과 반사판에서 반사된 파동이 동위상이어서 보강간섭이 일어난다(파장은 파동의 마루/골에서 다음 마루/골까지의 거리이다). 반대로 어두운 원들은 반사판과 렌즈 사이의 간격이 파장의 정수배 더하기 $1/2$($1/2$, $1\frac{1}{2}$, $2\frac{1}{2}$, ……)인 지점들에 생긴다. 그 지점들에서는 상쇄간섭이 일어나서, 렌즈에서 반사된 파동과 반사판에서 반사된 파동이 서

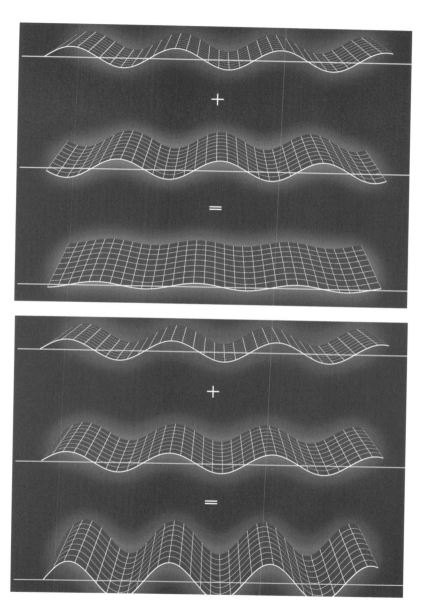

간섭 사람들이 만날 때와 마찬가지로, 파동들이 만나면 서로를 강화시킬 수도 있고 약화시킬 수도 있다.

물웅덩이에서 일어나는 간섭 물웅덩이부터 큰 바다까지, 물이 고인 곳에서는 늘 간섭이 일어난다.

로를 소멸시킨다.

19세기에 이 현상은 빛의 파동 이론을 입증하고 입자 이론이 틀렸음을 보여준다고 여겨졌다. 그러나 20세기 초에 아인슈타인은 광전효과(光電效果, 오늘날 텔레비전과 디지털 카메라에서 이용됨)를 빛의 입자 혹은 양자가 원자 하나를 때려 전자를 떼어내는 현상으로 설명할 수 있음을 보여주었다. 이처럼 빛은 파동의 행동도 하고 입자의 행동도 한다.

파동의 개념이 인류의 사유에 진입한 까닭은 아마도 사람들이 바다나 물웅덩이에 돌이 떨어진 이후의 광경을 관찰했기 때문일 것이다.

혹시 당신이 물웅덩이에 돌멩이 두 개를 떨어뜨려본 적이 있다면, 아마 당신은 위의 그림과 같은 간섭 현상을 목격했을 것이다. 당신은 다른 액체들이 고인 곳에서도 유사한 현상을 목격했을 것이다. 포도주를 너무 많이 마신 상태에서 포도주가 고인 곳을 관찰했을 때는 목격하지 못했을지도 모르지만 말이다. 다른 한편, 입자의 개념은 바위, 돌멩이, 모래를 통해서 쉽게 습득할 수 있다. 그러나 파동/입자 이중성의 개념—하나의 대상을 입자로 기술할 수도 있고 파동으로 기술할 수도 있다는 생각—은 돌덩어리를 마실 수 있다는 생각만큼이나 일상경험을 벗어난다.

이런 이중성들—전혀 다른 두 이론이 동일한 현상을 정확하게 기술하는 상황들—은 모형 의존적 실재론과 조화를 이룬다. 각각의 이론이 특정한 속성들을 기술하고 설명할 수 있지만, 어떤 이론도 다른 이론보다 더 낫거나 실재적이라고 할 수 없다. 우주를 지배하는 법칙들과 관련해서 우리가 할 수 있는 말은 이것이다. 우주의 모든 면을 기술할 수 있는 단일한 수학적 모형 혹은 이론은 없을 것 같다는 것이다. 대신에, 첫 장에서 언급했듯이, M이론이라고 불리는 이론들의 그물망(network)이 존재하는 듯하다. M이론의 그물망 속의 이론들 각각은 특정한 범위 내의 현상들을 잘 기술한다. 또 그 범위들이 겹치는 곳에서는 그물망 속의 이론들이 일치하므로 그것들 모두가 한 이론의 부분들이라고 말할 수 있다. 그러나 그물망 속의 어떤 단일한 이론도 우주의 모든 면을 기술할 수 없다. 자연의 모든 힘들, 그 힘들을 느끼는 입자들, 그 모든 일이 벌어지는 무대인 시간과 공간을 빠짐없이 기술할 수 있는 단일 이론은 없다. 이 상황은 비록 단일한 통일이론을 꿈꿔온 전통적인 물리학자들의 성에 차지 않겠지만, 모형 의존적 실재론의 틀 안에서는 수용이 가능하다.

우리는 제5장에서 이중성과 M이론을 더 자세히 논할 것이다. 하지만 그전에 먼저 우리의 현대적인 자연관의 토대를 이루는 근본원리, 즉 양자이론을 살펴보자. 특히 "대안 역사들(代案歷史, alternative histories)"이라는 양자이론 접근법에 관심을 기울여보자. 이 접근법을 채택하면, 우주는 단일한 존재 혹은 역사만을 지닌 것이 아니다. 오히려 우주의 모든 가능한 버전 각각이 이른바 양자 중첩 상태로 동시에 존재한다. 이 생각은 우리가 방에서 나갈 때마다 테이블이 사라진다는 이론만큼이나 터무니없게 들릴 수도 있겠다. 그러나 이 생각은 지금까지 이루어진 모든 실험적 검증을 통과했다.

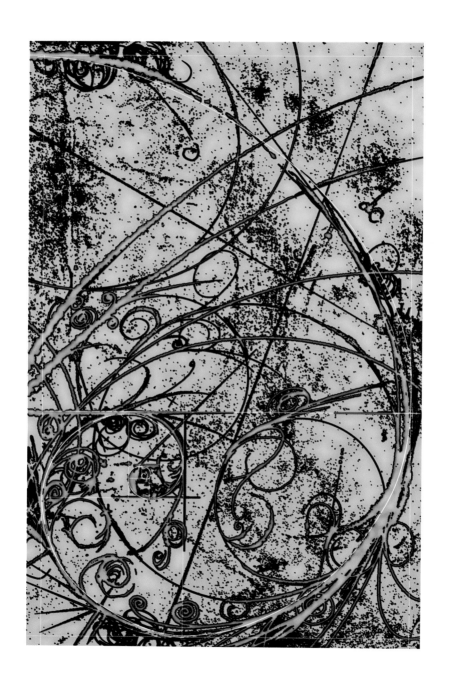

4

대안 역사들

1999년에 어느 오스트리아 물리학 연구팀은 축구공 모양의 분자들을 차단벽을 향해서 발사하는 실험을 했다. 그 분자들 각각은 탄소 원자 60개로 이루어졌고, 건축가 벅민스터 풀러 (Buckminster Fuller)가 설계한 건물들과 모양이 같기 때문에 "버키볼(buckyball)"이라고도 불린다. 현존하는 축구공 모양의

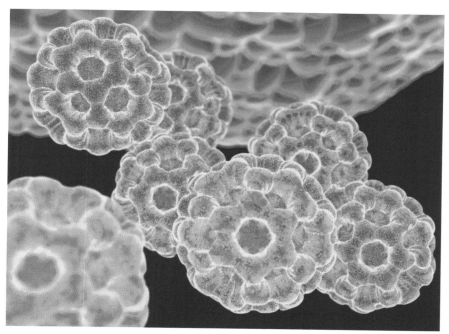

버키볼 버키볼은 탄소 원자들로 이루어진 아주 작은 축구공이다.

이중 틈 축구 축구선수가 틈이 두 개 있는 벽을 향해서 공들을 차면, 그림과 같은 자명한 결과가 발생할 것이다.

물체들 중에서 가장 큰 것은 아마 풀러가 설계한 측지선 돔들일 테고, 가장 작은 것은 버키볼이다. 오스트리아 연구팀이 발사의 표적으로 삼은 차단벽에는 버키볼들이 통과할 수 있는 좁은 틈(slit) 두 개가 있었다. 차단벽 너머에는 날아오는 버키볼들을 탐지하고 셀 수 있는 장치가 설치되었다. 그 장치는 말하자면 영사막과 같은 구실을 했다.

  우리가 진짜 축구공으로 비슷한 실험을 한다고 해보자. 그러려면 공의 방향은 약간 불안정하게 그러나 우리가 원하는 속도

80

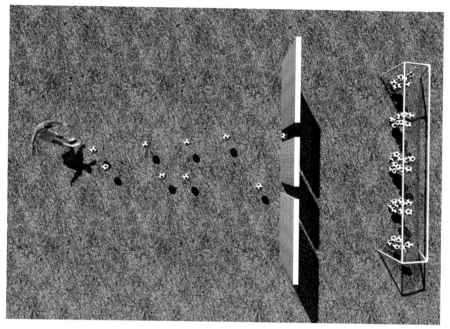

버키볼 축구 축구공 분자들을 틈이 두 개 있는 차단벽을 향해서 발사할 때 생기는 패턴은 낯선 양자법칙들을 반영한다.

로 공을 차 보낼 수 있는 축구선수가 필요하다. 우리는 그 선수를 틈이 두 개 있는 차단벽 앞에 세워야 할 것이다. 차단벽 너머에는 아주 긴 그물을 차단벽과 평행하게 설치해야 할 것이다. 축구선수가 차는 공의 대부분은 차단벽에 부딪혀 되튀어 나오겠지만, 일부는 두 틈 중 하나를 통과하여 그물에 도달할 것이다. 만일 틈들의 폭이 공의 지름보다 약간만 더 크다면, 틈들을 통과하는 공들은 두 방향으로만 집중해서 날아가겠지만, 만일 틈들이 그보다 조금 더 넓다면, 차단벽 너머의 공들은 앞 페이지의 그림에서 보는 것처럼 좁은 부채꼴 모양의 흐름 두 개를 형성하게 될 것이다.

만일 우리가 틈 하나를 막는다면, 그 틈으로 날아가는 공들은 차단되겠지만, 다른 틈으로 날아가는 공들은 아무 영향을 받지 않을 것이다. 만일 우리가 막았던 틈을 다시 연다면, 차단벽 너머 그물의 여러 지점들에 도달하는 공의 개수는 다시 늘어날 것이다. 왜냐하면 계속 열려 있던 틈을 통과한 공들에다가 새로 열린 틈을 통과한 공들까지 도달할 테니까 말이다. 다시 말해 틈 두 개가 모두 열려 있을 때 우리가 관찰하는 현상은, 첫 번째 틈만 열려 있을 때 우리가 관찰하는 현상과 두 번째 틈만 열려 있을 때 우리가 관찰하는 현상의 합이다. 우리가 일상생활에서 경험하는 실재는 늘 이렇다. 그러나 오스트리아 연구자들이 버키볼들을 발사하는 실험에서 얻은 결과는 달랐다.

그들의 실험에서는 틈 두 개를 다 열자, 영사막에 도달하는 분자들의 개수가 어떤 지점들에서는 늘고 다른 지점들에서는 줄어들어 81페이지의 그림과 같은 결과가 발생했다. 게다가 틈이 하나만 열렸을 때는 분자들이 도달하는데, 틈이 둘 다 열렸을 때는 분자들이 도달하지 않는 그런 지점들도 있었다.

이것은 아주 기묘한 일인 것 같다. 틈을 하나 더 열면 특정 지점들에 도달하는 분자의 개수가 줄어든다니, 어떻게 그럴 수 있단 말인가?

자세히 검토해보면 대답의 단서를 얻을 수 있다. 버키볼 실험에서 많은 버키볼들은 한 틈을 통과했을 때에 도달할 법한 지점과 다른 틈을 통과했을 때 도달할 법한 지점의 사이에 도달했다. 또한 그 중간지점에서 약간 벗어난 곳에 도달하는 분자는 거의 없었지만, 조금 더 벗어난 곳에는 다시 많은 분자들이 도달했다. 이 패턴은 한 틈만 열렸을 때에 형성되는 패턴과 다른 틈만 열렸을 때에 형성되는 패턴의 합이 아니다. 이 패턴은 우리가 제3장에서 살펴본, 파동들이 간섭할 때에 발생하는 특유의 패턴이다. 분자들이 도달하지 않는 지점은 두 틈에서 방출된 파동들이 역위상으로 만나 상쇄간섭이 발생하는 지점에 해당하고, 많은 분자들이 도달한 지점은 파동들이 동위상으로 만나 보강간섭이 발생하는 지점에 해당한다.

처음 2,000여 년 동안의 과학사에서 이론적 설명의 토대는 일상적인 경험과 직관이었다. 그러나 기술이 향상되고 관찰 가능한 현상의 범위가 확장되면서 우리는 자연이 버키볼 실험에서처럼 우리의 일상 경험을 벗어난 행동을 한다는 것을 점차 깨닫기 시작했다. 그 실험은 고전과학의 범위를 벗어나지만, 이른바 양자물리학으로 설명할 수 있는 현상의 전형이다. 실제로 리처드 파인만은 우리가 방금 기술한 것과 같은 이중 틈 실험에 "양자역학의 수수께끼가 모두 들어 있다"고 썼다.

양자물리학의 원리들은 뉴턴의 이론이 원자나 아원자입자 규모의 자연을 기술하기에는 부적합하다는 것이 밝혀진 다음인 20세기의 처음 이삼십 년 동안에 개발되었다. 물리학의 근본 이론들은 자연의 힘들을 기술하고 물체들이 그 힘들에 어떻게 반응하는지 기술하고 있다. 뉴턴의 이론을 비롯한 고전이론들의 뼈대는 일상 경험을 반영한다. 그 이론들에서 물질적 대상들은 개별적으로 존재하고 확정된 위치에 있을 수 있으며 확정된 경로로 움직인다. 양자물리학은 자연이 원자 및 아원자입자 규모에서 어떻게 작동하는지를 이해할 수 있는 발판을 제공한다. 그러나 나중에 더 자세히 논하겠지만, 양자물리학은 전혀 다른 사고방식을 요구한다. 그 요구에 부응하려면, 대상들의 위치, 경로, 심지어 과거와 미래가 확정되지 않았다고 생각해야 한다. 중력(重力, gravity)이나 전자기력(電磁氣力, electromagnetic force)과 같은 힘을 다루는 양자이론들은 그런 생각의 틀 안에서 구성된다.

그렇게 일상경험과 동떨어진 틀을 기초로 삼은 이론들도 고전물리학이 매우 정확하게 모형화했던 일상적인 사건들을 설명할 수 있을까? 단연코 설명할 수 있다. 왜냐하면 우리와 우리 주변의 사물들은 상상을 초월할 정도로 많은, 관찰 가능한 우주에 있는 별들보다 더 많은 원자들로 이루어진 복합물이기 때문이다. 다시 말해 축구공, 감자, 초대형 여객기, 인간 등은 각각 거대한 원자 집단인데, 그런 집단의 구성 요소인 원자들은 양자물리학의 원리들을 따르지만, 그런 집단은 예컨대 틈을 통과하면서 회절(回折)하지 않음을 증명할 수 있다. 요컨대 일상적인 대상들의 구성 요소들은 양자물리학을 따르지만, 뉴턴의 법칙들은 우리의 일상 세계에 있는 복합물들의 행동을 매우 정확하게 기술하는 유효이론(effective theory)이다.

이 말이 이상하게 들릴 수도 있겠지만, 물리학에는 큰 집단의 행동이 개별 요소들의 행동과 다른 경우가 많이 있다. 단일한 뉴런(neuron)의 반응에서 인간 뇌의 반응을 예견하기는 어렵다. 또 물 분자 하나에 대한 지식만 가지고는 호수의 행동에 대해서 알 수 있는 것이 거의 없다. 양자물리학의 경우, 지금도 물리학자들은 뉴턴의 법칙들이 양자 영역으로부터 출현하는 방식을 자세하게 알아내기 위한 연구를 하고 있다. 우리는 모든 물체의 구성요소들이 양자물리학의 법칙들을 따른다는 것과 뉴턴의 법칙들은 그 양자 요소들로 이루어진 거시적인 물체의 행동을 기술하는 훌륭한 근사이론(近似理論, approximation)이라는 것을 알고 있다.

그러므로 뉴턴 이론의 예측들은 우리 모두가 우리 주위의 세계를 경험하면서 터득하는 실재관과 조화를 이룬다. 그러나 개별 원자들과 분자들은 우리의 일상 경험과 근본적으로 다른 방식으로 행동한다. 양자물리학은 그 이상한 원자들과 분자들의 우주를 표현하는 새로운 실재 모형이다. 우리의 직관적인 실재이해에서 근본적으로 중요한 많은 개념들은 양자물리학에서 무의미하다.

버키볼 이중 틈 실험처럼 입자들의 흐름을 회절시키는 실험은 1927년에 벨 연구소의 물리학자 클린턴 데이비슨과 레스터 저머에 의해서 처음 이루어졌다. 그들은 전자 빔—버키볼보다 훨씬 더 단순한 대상이다—이 니켈 결정과 어떻게 상호작용하는지 연구했다. 그 결과, 전자와 같은 물질 입자가 물결처럼 행동한다는 놀라운 사실이 밝혀져 양자물리학에 영감을 제공했다. 그런데 그런 행동은 거시적인 규모에서는 관찰되지 않으므로, 오래 전부터 과학자들은 얼마나 크고 복잡한 대상에서까지 그런 파동성이 나타날 수 있는지 궁금하게 여겼다. 만일 사람이나 하마의 파동성을 보여주는 데에 성공한다면, 온 세상이 열광하겠지만, 이미 언급했듯이 일반적으로 대상의 크기가 클수록 양자효과들은 더 불확실하고 불안정하게 된다. 그러므로 동물원의 동물들이 파동처럼 우리의 창살을 통과하는 것은 있을 법하지 않은 일이다. 하지만 실험 물리학자들에 의해서 파동성이 관찰된 입자들의 크기는 점점 더 커지고 있는 중이다. 과학자들은 언젠가 이중 틈 실험을 버키볼보다 훨씬 더 클 뿐만 아니라 일부에서는 생물로 여기는 바이러스로 할 수 있기를 바란다.

이 책에 나오는 이야기들을 이해하는 데에 필요한 양자역학 지식은 그리 많지 않다. 핵심적인 개념들 중 하나는 파동/입자 이중성이다. 물질 입자가 파동처럼 행동한다는 사실은 모든 사람을 놀라게 했다. 빛이 파동처럼 행동한다는 사실에 놀라는 사람은 오늘날 아무도 없다. 거의 200년 전부터 기정사실로 여겨진 빛의 파동성을 우리는 자연스럽게 받아들인다. 위의 실험에서 당신이 두 틈을 향해서 빛의 빔을 발사한다면, 두 틈에서 파동 두 개가 발생하여 영사막에서 만날 것이다. 영사막의 일부 지점들에서는 두 파동의 마루들이 겹쳐 밝은 구역이 형성될 것이고, 다른 지점들에서는 한 파동의 마루가 다른 파동의 골과 겹쳐 상쇄되면서 어두운 구역이 형성될 것이다. 영국 물리학자

영의 실험 버키볼 패턴은 빛의 파동 이론에서 이미 잘 알려져 있었다.

토머스 영은 이 실험을 19세기 초에 수행하여 사람들에게 빛은 뉴턴의 믿음대로 입자들로 이루어진 것이 아니라 파동이라는 확신을 심어주었다.

　뉴턴은 빛이 파동이 아니라고 말했으므로 틀렸다고 결론지을 수도 있을 것이다. 그러나 그의 말을 빛이 입자들로 이루어진 것처럼 행동할 수 있다는 뜻으로 해석한다면, 그는 옳았다. 오늘날 우리는 빛 입자를 광자(光子, photon)라고 부른다. 우리 자신이 수많은 원자들로 구성된 것과 마찬가지로, 우리가 매일 보는 빛도 무수히 많은 광자들—1와트짜리 야간등도 매초 10

억 곱하기 10억 개의 광자를 방출한다—로 이루어졌다는 의미
에서 복합물이다. 낱낱의 광자들은 일반적으로 명확하게 포착
되지 않지만, 실험실에서 우리는 낱낱의 광자들의 흐름이라고
할 만큼 희미한 빛의 빔을 만들어낼 수 있다. 그런 빛의 빔에서
는 개별 광자를 개별 전자나 버키볼과 마찬가지로 탐지할 수
있다. 또한 우리는 광자가 한번에 하나씩 몇 초 간격으로 차단
벽에 도달할 정도로 성긴 빛의 빔을 이용해서 영의 실험을 할
수 있다. 그런 실험을 한 다음에 차단벽 너머의 영사막에 남은
개별 광자들의 흔적을 종합하면, 데이비슨-저머 실험을 한번에
하나씩 전자(또는 버키볼)를 발사하면서 했을 때에 얻음직한 간
섭 패턴이 형성된 것을 확인할 수 있다. 이 결과는 물리학자들
에게 놀라운 계시였다. 개별 광자들이 간섭 현상을 일으킨다면,
빛의 파동성은 빛의 빔이나 대규모 광자 집단의 속성이 아니라
개별 광자의 속성임이 분명할 것이다.

양자물리학의 또 다른 중요한 가르침은 1926년에 베르너 하이
젠베르크가 정식화한 불확정성원리(不確定性原理, uncertainty
principle)이다. 이 원리에 따르면, 입자의 위치와 속도를 비롯
한 데이터들을 동시에 측정하는 우리의 능력에는 한계가 있다.
예를 들면 당신이 입자의 위치가 불확정한 정도에 운동량(질량
곱하기 속도)이 불확정한 정도를 곱하면, 그 결과는 플랑크 상
수(Planck's constant)라는 특정한 양보다 작을 수 없다.

무슨 말인지 헷갈리겠지만, 요점은 간단하다. 당신이 속도를
정확하게 측정하면 측정할수록, 당신이 측정할 수 있는 위치는

"만일 이것이 옳다면, 우리가 파동이라고 생각한 모든 것이 실은 입자이고, 우리가 입자라고 생각한 모든 것이 실은 파동이로군."

그만큼 더 부정확해지고, 그 역도 마찬가지이다. 예컨대 당신이 위치의 불확정성을 반으로 줄이면, 속도의 불확정성은 두 배로 증가할 수밖에 없다. 한 가지 명심해야 할 것은, 플랑크 상수가 미터, 킬로그램, 초 등의 일상적인 측정단위들에 비해 매우 작다는 점이다. 실제로 그런 단위들로 나타낸 플랑크 상수의 값은 약 6/10,000,000,000,000,000,000,000,000,000,000,000이다. 그러므로 만일 당신이 거시적인 물체인 질량 1/3킬로그램짜리 축구공의 위치를 오차 1밀리미터 이내로 측정한다면, 당신은 축구공의 속도를 시속 10억 곱하기 10억 곱하기 10억 분의 1킬로미터보다 훨씬 작은 오차 이내로 정확하게 측정할 수 있다.

왜냐하면 일상적인 단위들로 나타냈을 때 축구공의 질량은 1/3, 위치의 불확정성은 1/1000인데, 위에서 보듯이 플랑크 상수는 이 값들보다 훨씬 더 작으므로, 속도의 불확정성이 매우 작을 수밖에 없기 때문이다. 반면에 똑같은 단위들로 나타낸 전자의 질량은 0.000000000000000000000000000001이다. 따라서 불확정성원리와 관련해서 전자의 처지는 전혀 다르다. 만일 우리가 어떤 전자의 위치를 대략 원자의 크기만큼의 오차 이내로 정확하게 측정한다면, 불확정성원리에 따라서 우리는 그 전자의 속도를 대략 초속 1,000킬로미터 정도의 오차 이내로 정확하게 측정할 수 없다. 그러니까 정확한 속도 측정이 사실상 불가능하다는 얘기이다.

양자물리학에 따르면, 우리가 아무리 많은 정보를 소유하고 우리의 계산 능력이 아무리 뛰어나더라도, 물리적 과정들의 결과를 정확하게 예측하는 것은 불가능하다. 왜냐하면 그것들은 정확하게 **결정**되어 있지 않기 때문이다. 오히려 자연은, 어떤 시스템의 초기 상태가 주어졌을 때, 그 시스템의 미래 상태를 근본적으로 불확정적인 과정을 통해서 결정한다. 바꿔 말하면, 자연은, 심지어 가장 단순한 상황들에서도, 과정이나 실험의 결과를 명령하지 않는다. 오히려 자연은 제각각 실현될 가능성이 어느 정도 있는 다양한 경우들을 허용한다. 아인슈타인의 말과 정반대로, 신은 모든 물리적 과정 각각의 결과를 결정하기 전에 주사위를 던지는 것 같다. 이 생각은 아인슈타인의 마음에 들지 않았다. 그래서 그는 양자물리학의 창시자들 중 하나였음에도 나중에 양자물리학의 비판자가 되었다.

양자물리학은 자연이 법칙들에 의해서 지배된다는 생각을 위태롭게 할 수도 있지만, 사실은 그렇지 않다. 오히려 양자물리학은 새로운 형태의 결정론을 향해서 우리를 이끈다. 그 결정론에 따르면, 어떤 시스템의 특정 시점에서의 상태가 주어지면, 자연법칙들은 그 시스템의 미래와 과거를 정확하게 결정하는 것이 아니라 다양한 미래들과 과거들의 **확률**을 결정한다. 이런 결정론을 탐탁치 않게 여기는 사람들도 있지만, 과학자들은 자신의 선입견에 부합하는 이론이 아니라 실험에 부합하는 이론을 받아들여야 한다.

과학은 이론이 검증 가능할 것을 요구한다. 만약 양자물리학의 예측들이 확률적이기 때문에 검증하기가 불가능하다면, 양자이론들은 타당한 이론이 될 자격이 없을 것이다. 그러나 그 예측들의 확률에도 불구하고, 우리는 양자이론들을 검증할 수 있다. 예컨대 우리는 하나의 실험을 여러 번 반복하면서 다양한 결과들이 나오는 빈도가 예측된 확률들과 일치하는지 확인할 수 있다. 버키볼 실험을 생각해보자. 양자물리학은 대상들의 위치를 결코 확정할 수 없다고 말한다. 왜냐하면 만일 위치를 확정하면 운동량의 불확정성이 무한대가 될 것이기 때문이다. 실제로 양자물리학에 따르면 입자 각각은 우주의 모든 장소에서 발견될 확률이 있다. 예컨대 특정 전자를 이중 틈 실험장치의 내부에서 발견할 확률이 매우 높더라도, 그 전자가 켄타우루스자리 알파 별 너머의 공간에서, 또는 당신이 먹는 감자 고기 파이 속에서 발견될 확률이 언제나 약간은 있다. 따라서 만일 당신이 양자 버키볼을 공중으로 찬다면, 당신이 아무리 솜씨가 좋고 지식이 많다고 하더라도, 그 버키볼의 낙하지점을 미리 정확하게 알아낼 수는 없다. 그러나 당신이 버키볼 차기 실험을 여러 번 반복한다면, 당신이 얻는 데이터는 다양한 지점들에서 그 버키볼을 발견할 확률을 반영할 것이다. 실험 물리학자들은 이런 실험들의 결과가 이론의 예측과 일치하는 것을 확인했다.

한 가지 명심해야 할 것은, 양자물리학에서 말하는 확률이 뉴턴 물리학이나 일상생활에서 이야기되는 확률과 다르다는 점이다. 그 차이를 이해하기 위해서, 버키볼들에 의해서 영사막에 형성된 패턴들과 다트 게임을 하는 사람들이 중앙을 노리고 던진 화살들에 의해서 다트 판에 형성된 패턴을 비교해보자. 사람들이 맥주를 너무 많이 마신 상태가 아니라면, 화살이 도달할 확률은 중앙 근방에서 가장 높고 외곽으로 갈수록 낮아질 것이다. 버키볼 실험에서와 마찬가지로, 임의로 고른 화살 하나는 어디에나 도달할 수 있고, 게임을 오래 계속하면 바탕에 있는 확률들을 반영하는 패턴이 형성될 것이다. 일상생활에서 우리는 이 상황을 표현하기 위해서 화살이 다양한 지점에 도달할 확률이 있다고 말할 수도 있을 것이다. 그러나 우리가 그렇게 말한다면, 그 이유는 버키볼 실험에서와 달리 단지 화살의 초기 조건에 대한 우리의 지식이 불완전하기 때문이다. 만일 우리가 화살이 던져지는 방식을, 그러니까 각도, 회전, 속도 등을 정확히 안다면, 우리는 상황을 더 잘 표현할 수 있을 것이다. 게다가 원리적으로 우리는 화살이 도달할 지점을 우리가 원하는 만큼 정확하게 예측할 수 있다. 요컨대 일상적인 사건들의 결과를 기술할 때에 우리가 쓰는 확률 용어들은 기술되는 과정의 내재적 본성을 반영하는 것이 아니라 단지 그 과정의 일부 측면들에 대한 우리의 무지를 반영한다.

　반면에 양자이론들에서 등장하는 확률은 그렇지 않다. 자연의 양자 모형은 우리의 일상 경험뿐만 아니라 직관적인 실재 개념에도 맞지 않는 원리들을 포함한다. 그 원리들이 기괴하다거나 믿기 어렵다고 느끼는 분들은 걱정할 필요가 없다. 알베르트 아인슈타인, 심지어 리처드 파인만과 같은 위대한 물리학자들도 그렇게 느꼈다. 우리는 곧 파인만이 양자이론을 기술한 방법을 소개할 텐데, 그는 실제로 이렇게 말했다. "양자역학을 이해하는 사람은 아무도 없다고 안심하고 말해도 된다고 나는 생각한다." 그러나 양자물리학은 관찰에 부합한다. 양자물리학은 다른 어떤 과학이론보다 더 많은 시험의 대상이 되었지만, 시험을 통과하지 못한 적은 한번도 없다.

　1940년대에 리처드 파인만은 양자 세계와 뉴턴적인 세계의 차이에 관한 놀라운 통찰을 하기에 이르렀다. 그는 이중 틈 실험에서 간섭 패턴이 어떻게 발생하는가라는 질문에 흥미를 느꼈다. 틈이 둘 다 열린 차단벽을 향해서 분자들을 발사할 때 산출되는 패턴은, 첫 번째 틈만 열고 실험할 때 산출되는 패턴과 두 번째 틈만 열고 실험할 때 산출되는 패턴의 합이 아님을 상기하라. 오히려 틈을 둘 다 열면, 밝은 띠와 어두운 띠가 교대

되는 패턴이 산출된다. 이때 어두운 띠는 입자들이 도달하지 않는 구역이다. 그러므로 어떤 자리에 어두운 띠가 생겼다는 것은, 틈을 하나만 열었다면 그 자리에 도달했을 입자들이 틈을 둘 다 열었기 때문에 그 자리에 도달하지 않았다는 것을 의미한다. 이것은 입자들이 발사지점에서부터 영사막까지 이동하는 동안 어떤 식으로든 양쪽 틈에 관한 정보를 얻는 것이 아닌가 하는 생각을 유발할 정도로 기이한 현상이다. 이런 유형의 행동은 일상생활에서 보는 사물들의 행동과 전혀 다르다. 일상생활에서 공은 두 개의 틈 중 하나를 통과할 것이며, 다른 틈이 열렸는지 여부와 상관없이 행동할 것이다.

뉴턴 물리학에 따르면—우리가 분자들 대신에 축구 공들로 실험을 한다면 이렇게 될 것이다—입자 각각은 발사지점에서부터 영사막까지 잘 정의된 단일한 경로로 이동한다. 입자가 이동하다가 우회하여 두 틈 각각의 근방을 방문할 여지는 없다. 반면에 양자 모형에 따르면, 입자는, 출발점과 종착점 사이에 있는 동안, 확정된 위치가 없다. 파인만은 이 사태에 대해서 입자가 발사지점에서부터 영사막까지 이동하면서 어떤 경로도 거치지 않는다는 뜻으로 해석하지 않고 다르게 해석할 수도 있다는 것을 깨달았다. 이 상황은 오히려 입자가 출발점과 종착점을 잇는 **모든** 가능한 경로를 거친다는 뜻일 수도 있었다. 바로 이것이 양자물리학과 뉴턴 물리학의 차이점이라고 파인만은 단언했다. 양쪽 틈의 상태가 결과에 영향을 미치는 까닭은 입자가 확정된 단일 경로를 거치지 않고 모든 가능한 경로를 **동시에** 거

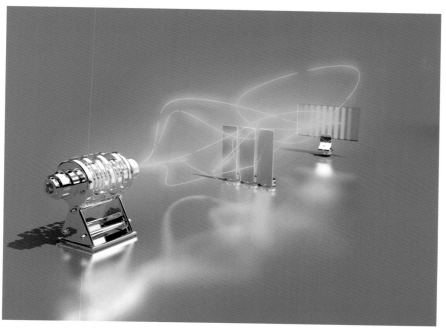

입자의 경로들 파인만의 양자이론 정식화는 왜 버키볼이나 전자와 같은 입자들을 이중 틈을 향해서 발사하면 영사막에 간섭 패턴이 생기는지를 설명하고 있다.

치기 때문이다! 과학소설에나 나올 법한 이야기로 들리지만, 그렇지 않다. 파인만은 이 생각을 반영하고 양자물리학의 모든 법칙들을 새롭게 표현하는 수학적 표현법 — 파인만 역사 합 (Feynman sum over histories) — 을 내놓았다. 파인만 이론의 수학과 물리적 사태는 원래 양자물리학의 그것들과 다르지만 예측들은 똑같다.

이중 틈 실험에서 파인만의 깨달음은 입자들이 한쪽 틈(틈1)만 통과하거나 다른 쪽 틈(틈2)만 통과하는 경로, 틈1을 통과한 다음에 후진하여 틈2를 통과하고 다시 틈1을 통과하는 경로, 새우 요리를 맛있게 하는 식당에 들렀다가 목성 주위를 몇 바퀴 돈 다음에 종착점으로 향하는 경로, 심지어 우주의 끝까지 갔다가 돌아오는 경로 등을 통과하는 것을 의미한다. 그렇다면 어떤 틈이 어떤 상태인가에 관한 정보를 입자가 어떻게 얻는지 설명할 수 있다고 리처드 파인만은 주장했다. 만일 틈1이 열렸다면, 입자는 그것을 통과하는 경로들을 거친다. 만일 양쪽 틈이 다 열렸다면, 틈1을 통과하는 경로들과 틈2를 통과하는 경로들이 엉켜 간섭이 일어난다. 바보 같은 이야기로 들릴지도 모르지만, 오늘날 연구되는 가장 근본적인 물리학에서 파인만의 정식화(定式化, formulation)는 원래 양자물리학의 정식화보다 더 유용함이 밝혀졌다.

양자적인 실재에 대한 파인만의 생각은 우리가 곧 소개할 이론들을 이해하는 데에 결정적으로 중요하므로, 그 생각을 구체적으로 이해하기 위해서는 조금 더 시간을 투자할 가치가 있다. 입자 하나가 위치 A에서 출발하여 아무 힘도 받지 않으면서 움직이는 간단한 과정을 상상해보자. 뉴턴의 모형에서 그 입자는 직선 경로로 움직일 것이며, 우리는 특정한 미래 시점에 그 직선상의 정확한 위치 B에서 그 입자를 발견할 것이다. 파인만의 모형에서 양자적인 입자는 A와 B를 잇는 모든 경로를 시험하면서 각 경로에 대응하는 "위상(位相, phase)"이라는 수를 수집한다. 그 위상은 파동의 주기 안에서의 위치, 즉 파동이 마루에 있는지 또는 골에 있는지 또는 그 사이의 어떤 위치에 있는

지를 말해준다. 그 위상을 계산하는 파인만의 수학적 방법은, 모든 경로들에 대응하는 파동들을 전부 합하면 입자가 A에서 출발하여 B에 도달할 "확률 진폭(確率振幅, probability amplitude)"이 산출됨을 보여주었다. 이어서 그 확률 진폭을 제곱하면 입자가 B에 도달할 확률이 나온다.

　개별 경로 각각이 파인만 역사 합에 (따라서 입자가 A에서 B로 갈 확률에) 기여하는 위상을, 길이는 일정하고 방향은 자유로운 화살표로 시각화할 수 있다. 두 위상을 합하려면, 한 위상을 나타내는 화살표의 끝에 다른 위상을 나타내는 화살표를 이어놓고 첫 번째 화살표의 출발점과 두 번째 화살표의 끝을 잇는 새로운 화살표를 그리면 된다. 그 새 화살표는 두 위상의 합을 나타낸다. 세 개 이상의 위상들을 합할 때는, 이 과정을 반복하면 된다. 금세 알 수 있겠지만, 위상들이 대충 한 방향을 가리킨다면, 그것들의 합을 나타내는 화살표는 꽤 길 수가 있다. 그러나 위상들의 방향이 제각각이라면, 그것들은 합산 과정에서 상쇄되어 아주 짧은 화살표를 산출하는 경향이 있다. 아래의 그림들을 참조하자.

　입자가 위치 A에서 출발하여 위치 B에 도달할 확률 진폭을 계산하는 파인만의 방법은 A와 B를 잇는 모든 경로 각각에 대응하는 위상들 혹은 화살표들을 합하는 것이다. 경로들은 무한히 많으므로, 수학이 약간 복잡할 수밖에 없지만, 계산이 불가능하지는 않다. 아래의 그림들은 몇 가지 경로들을 보여준다.

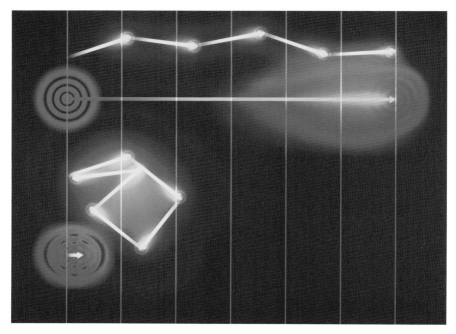

파인만 경로들의 합산하기 다양한 파인만 경로들에서 비롯된 효과들은 파동들과 마찬가지로 서로를 강화시킬 수도 있고 약화시킬 수도 있다. 노란 화살표들은 합산할 위상들을 나타낸다. 첫 번째 화살표의 출발점과 마지막 화살표의 끝을 잇는 파란 화살표는 그것들의 합을 나타낸다. 아래쪽 그림에서는 화살표들의 방향이 제각각이어서 그것들의 합인 파란 화살표가 매우 짧다.

파인만의 이론은 어떻게 고전물리학과 전혀 다른 것 같은 양자물리학에서 뉴턴의 세계상이 발생하는지를 아주 선명하게 보여준다. 파인만의 이론에 따르면, 각 경로에 대응하는 위상은 플랑크 상수와 관련이 있다. 그런데 플랑크 상수는 매우 작기 때문에, 서로 가까운 경로들의 기여를 더할 때는, 파인만의 이론의 특성상 위상들이 대개 매우 다양해지고 따라서 위의 그림

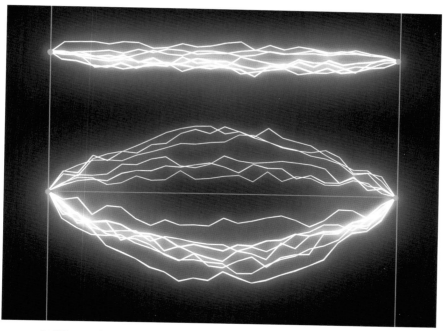

A에서 B로 가는 경로들 두 점 사이의 "고전적인" 경로는 직선이다. 고전적인 경로에 가까운 경로들의 위상들은 서로를 강화시키는 경향이 있는 반면, 고전적인 경로에서 멀리 떨어진 경로들의 위상들은 서로를 약화시키는 경향이 있다.

에서처럼 합산의 결과가 0이 되는 경향이 있다.

그러나 또한 그 이론에 따르면, 특정한 경로들에 대응하는 위상들은 정렬하는 경향이 있어서, 그런 경로들은 선호된다. 다시 말해 그런 경로들은 관찰된 입자의 행동에 대해서 다른 경로들보다 더 크게 기여한다. 그리고 큰 물체들의 경우에는 뉴턴의 이론이 예측하는 경로와 매우 유사한 경로들이 서로 유사한 위상들을 지니기 때문에, 그 경로들의 합에 대해서 다른 경로들보다 월등하게 더 큰 기여를 한다. 따라서 0보다 미미하지 않을 만큼 큰 확률을 가진 유일한 도착점은 뉴턴의 이론이 예측하는 도착점밖에 없게 되며, 그 도착점은 1과 거의 같은 확률을 가지게 된다. 그러므로 큰 물체들은 뉴턴의 이론이 예측하는 대로 운동한다.

지금까지 우리는 이중 틈 실험의 맥락에서 파인만의 생각을 논했다. 그 실험에서 입자들은 이중 틈이 뚫린 차단벽을 향해서 발사되며, 우리는 차단벽 너머에 설치된 영사막의 어느 지점에 입자들이 도달하는지를 측정한다. 더 일반적으로, 파인만의 이론은 단지 입자 하나가 아니라 "시스템"이 산출할 가능성이 있는 결과들을 예측할 수 있게 해준다. 이때 시스템은 입자 하나일 수도 있고, 입자들의 집단일 수도 있고, 심지어 우주 전체일 수도 있다. 시스템의 초기 상태와 나중에 우리가 그 시스템의 속성들을 측정하여 얻은 결과와의 사이에서 그 속성들은 어떤 식으로든 진화하게 되는데, 물리학자들은 그 진화를 시스템의 "역사"라고 부른다. 예컨대 이중 틈 실험에서 입자의 역사는 단순하게 입자의 경로이다. 그 실험에서 입자를 특정 지점에서 관찰할 확률은 입자를 거기로 데려갈 수 있는 모든 경로들에 의해서 결정된다. 그와 마찬가지로 일반적인 시스템에서 특정한 관찰 결과를 얻을 확률은 그 결과를 종착점으로 가지는 모든 가능한 역사들에 의해서 결정된다. 이 때문에 파인만의 방법은 양자물리학에 대한 "역사들의 합(sum over histories)"의 정식화 또는 "대안 역사들(alternative histories)"의 정식화라고 한다.

이제 양자물리학에 대한 파인만의 접근법을 어느 정도 알았으니, 우리가 나중에 써먹을 핵심적인 양자 원리를 하나 더 살펴볼 차례이다. 그 원리는 시스템을 관찰하면 시스템의 진로가 바뀔 수밖에 없다는 것이다. 지도교수의 턱에 겨자 소스가 묻은 것을 학생들이 볼 때처럼, 시스템을 건드리지 않고 몰래 보기만 할 수는 없을까? 그럴 수는 없다. 양자물리학에 따르면, 무엇인가를 "관찰하기만 하는 것"은 불가능하다. 바꿔 말해서 양자물리학은, 관찰을 하려면 관찰자가 관찰 대상과 상호작용해야 한다는 것을 인정한다. 예를 들면 우리가 대상을 전통적인 의미에서 보려면 대상에 빛을 비추어야 한다. 물론 대상이 호박이라면, 빛을 비추어도 대상은 거의 변화하지 않을 것이다. 그러나 미세한 양자적인 입자에 극히 희미한 빛이라도 비추면 — 다시 말해 그 입자를 광자들로 때리면 — 무시할 수 없는 변화가 일어난다. 그렇게 빛을 비추면 실험결과가 양자물리학이 예측하는 대로 변한다는 것을 여러 실험에서 확인할 수 있다.

앞에서와 마찬가지로 우리가 이중 틈이 뚫린 차단벽을 향해서 입자들을 발사하면서 처음으로 차단벽을 통과한 입자 100만 개에 관한 데이터를 수집한다고 해보자. 우리가 영사막의 다양한 지점에 도달한 입자들의 개수를 점으로 표시하면, 81페이지에 있는 간섭 패턴이 만들어질 것이다. 또 입자의 출발점 A에서 종착점 B까지의 모든 가능한 경로들에 대응하는 위상들을 합하는 방식으로 입자가 B에 도달할 확률을 계산해보면, 입자가 다양한 지점에 도달할 확률의 계산 값과 위의 데이터가 일치함을 확인할 수 있을 것이다.

　이제 똑같은 이중 틈 실험을 약간 변형해서 다시 시도해보자. 이번에는 입자가 통과하는 중간 지점 C를 우리가 알 수 있도록 틈들에 빛을 비추면서 실험을 하는 것이다(C는 틈1의 위치이거나 틈2의 위치이다). 우리가 빛을 비추어서 알아내는 것은 "경로 정보"이다. 즉, 입자들 각각이 A에서 틈1을 지나 B에 도달했는지, 아니면 A에서 틈2를 지나 B에 도달했는지를 우리는 알아낸다. 이 변형된 실험을 하면, 우리는 입자들 각각이 어느 틈을 통과했는지 알 수 있고, 따라서 특정 입자에 대한 우리의 경로 합에는 틈1을 통과하는 경로들만 포함되거나 틈2를 통과하는 경로들만 포함될 것이다. 그 합에 틈1을 통과하는 경로들과 틈2를 통과하는 경로들이 모두 포함되는 일은 결코 없을 것이다. 그런데 파인만의 설명에 따르면, 간섭 패턴은 틈1을 통과하는 경로들과 틈2를 통과하는 경로들이 엉키기 때문에 생긴다. 그렇다면 만일 당신이 빛을 비추어서 입자들이 어느 틈을 통과하는지 알아내면서 다른 가능성을 제거한다면, 간섭 패턴은 사라질 것이다. 실제로 이 변형된 이중 틈 실험을 해보면 81페이지의 패턴이 아니라 80페이지의 패턴을 얻게 된다! 더 나아가서 우리는 빛을 아주 희미하게 비추어서 일부 입자들만 빛과 상호작용하도록 만들면서 실험을 할 수도 있다. 그러면 우리는 일부 입자들의 경로 정보만을 얻을 수 있다. 이 경우에 우리는 입자들의 종착점에 관한 데이터를 우리가 경로 정보를 확보한 입자인가 아닌가를 기준으로 분류한다면, 우리가 경로 정보를 확보하지 않은 입자들의 데이터는 간섭 패턴을 형성하고, 우리가 경로 정보를 확보한 입자들의 데이터는 간섭 패턴을 형성하지 않음을 확인하게 될 것이다.

관찰이 대상을 변화시킨다는 우리의 생각은 "과거"라는 개념과 관련해서 중요한 함의를 가지고 있다. 뉴턴의 이론에서 과거는 확정된 사건들의 연쇄로서 존재한다. 당신이 작년에 이탈리아에서 산 꽃병이 바닥에 산산조각이 나 있고 당신의 어린 아들이 그 곁에 서서 겁먹은 표정으로 내려다보고 있다면, 당신은 그 불상사로 귀결된 사건들을 재구성할 수 있을 것이다. 아들의 손가락이 꽃병을 건드렸고, 꽃병이 떨어져 바닥에 부딪히면서 산산이 부서졌다고 말이다. 더 나아가서 현재에 관한 데이터가 완벽하게 주어지면, 뉴턴의 법칙들은 과거를 완벽하게 계산할 수 있도록 해준다. 뉴턴의 법칙들이 가진 이와 같은 특징은 좋든 싫든 세계의 과거는 확정되어 있다는 우리의 직관적인 이해와 잘 어울린다. 보는 사람이 아무도 없었다고 하더라도 과거는 존재한다고 우리는 확신한다. 마치 누군가가 과거를 연속해서 촬영해놓기라도 한 듯이 확신하는 것이다. 그러나 양자적인 버키볼은 발사지점에서 영사막까지 확정된 경로를 거쳤다고 할 수 없다. 우리는 관찰을 통해서 버키볼의 위치를 확정할 수 있겠지만, 우리의 관찰과 관찰 사이에서 버키볼은 모든 경로들을 거친다. 양자물리학에 따르면, 현재에 대한 우리의 관찰이 아무리 철저하더라도, (관찰되지 않은) 과거는 미래와 마찬가지로 불확정적이며 다만 가능성들의 스펙트럼으로 존재한다. 우주는 양자물리학에 따르면, 단일한 과거 혹은 역사를 가지지 않는다.

시스템의 과거가 확정적이지 않다는 것은 당신의 현재 관찰이 시스템의 과거에 영향을 미친다는 것을 의미한다. 물리학자 존 휠러는 이 사실을 극적으로 강조하는 이른바 "뒤늦은 선택 실험(delayed-choice experiment)"을 고안했다. 간단히 말해서 뒤늦은 선택 실험은 우리가 방금 논한, 입자의 경로를 관찰하거나, 혹은 하지 않으면서 수행하는 이중 틈 실험과 유사하다. 다만, 뒤늦은 선택 실험에서는 경로를 관찰할지 말지에 대한 결정이 입자가 영사막에 도달하기 직전까지 미루어진다.

뒤늦은 선택 실험에서 나오는 데이터는, 우리가 틈들을 관찰함으로써 입자의 경로 정보를 알아내면서(또는 그렇게 하지 않으면서) 이중 틈 실험을 할 때 나오는 데이터와 동일하다. 그러니까 뒤늦은 선택 실험에서는, 입자가 틈들을 통과하고 한참 지난 후에, 말하자면 입자가 한 틈만 통과하여 간섭 패턴을 산출하지 않기로 또는 두 틈을 다 통과하여 간섭 패턴을 산출하기로 "결심"을 하고 한참 지난 후에, 입자의 경로—즉, 과거—가 결정된다.

휠러는 우주 규모의 뒤늦은 선택 실험도 고안했다. 그 실험에서 입자들은 수십억 광년 떨어진 강력한 퀘이사들(quasars)에서 나오는 광자들이다. 그런 퀘이사들에서 오는 빛은 두 경로로 갈라졌다가 중간에 있는 은하의 중력 렌즈 효과에 의해서 다시 모여 지구에 도달할 수도 있다. 비록 현재의 기술로는 확인이 불가능하지만, 만일 우리가 그 빛의 광자들을 충분히 많이 모을 수 있다면, 그 광자들은 간섭 패턴을 당연히 형성해야 한다. 그러나 만일 우리가 그 광자들의 도착지점 바로 앞에 경로 정보를 측정하는 장치를 설치한다면, 간섭 패턴은 사라질 것이다. 이 경우에 광자가 두 가지 경로 중 하나를 선택한 것은 지구나 태양이 탄생한 때보다 더 과거인 수십억 년 전일 것인데, 그럼에도 우리가 현재에 실험실에서 하는 관찰이 그 선택에 영향을 미치게 된다.

이 장에서 우리는 이중 틈 실험을 예로 들어 양자물리학을 살펴보았다. 다음 장에서는 파인만의 양자역학 정식화를 우주 전체에 적용할 것이다. 우리는 입자와 마찬가지로 우주도 단일한 역사가 아니라 모든 가능한 역사를 가졌다는 것을 보게 될 것이다. 그 역사들 각각은 고유의 확률을 가졌다. 또한 우리는 이중 틈 실험에서 입자들을 관찰하면 입자들의 과거에 영향이 미치는 것과 똑같이, 우주의 현 상태에 대한 우리의 관찰이 우주의 과거에 영향을 미치고 우주의 다양한 역사들을 결정한다는 것을 알게 될 것이다. 이에 대한 분석은 우리 우주의 자연법칙들이 어떻게 빅뱅에서 발생했는지 보여줄 것이다. 그러나 법칙들의 발생을 논하기에 앞서, 우리는 그 법칙들이 무엇이고 어떤 수수께끼들을 품고 있는지에 대해서 잠시 이야기하려고 한다.

5

만물의 이론

우주와 관련해서 가장 이해하기 힘든 것은 우주가 이해 가능하다는 점이다.

— 알베르트 아인슈타인

우리가 우주를 이해할 수 있는 까닭은 우주가 과학법칙들에 의해서 지배되기 때문이다. 곧, 우주의 행동은 모형화될 수 있다는 것이다. 그런데 과연 어떤 법칙들과 모형들이 있을까? 가장 먼저 수학의 언어로 기술된 힘은 중력이었다. 1687년에 출판된 뉴턴의 중력법칙은 우주의 모든 물체가 다른 모든 물체를 자신의 질량에 비례하는 힘으로 끌어당긴다고 말했다. 이 법칙은 당대의 지식인 사회에 큰 영향을 미쳤다. 왜냐하면 적어도 우주의 한 측면을 정확하게 모형화할 수 있음을 최초로 보여주었고 그 모형화의 수학적 절차를 확립했기 때문이다. 자연법칙들이 존재한다는 생각은 약 50년 전에 갈릴레오에게 내려진 이단 판결의 빌미가 된 것과 유사한 쟁점들을 부각시킨다. 예컨대 성서에는 여호수아가 가나안에서 아모리 족과 싸우는 중에, 환한 낮 시간을 더 연장시켜 전투를 마무리하려고 해와 달을 멈추기 위해서 기도했다는 이야기가 나온다. 「여호수아서(the

Book of Joshua)」에 따르면, 그의 기도로 태양은 대략 하루 동안 멈추었다. 이것은 지구가 멈추었다는 뜻이라는 것을 오늘날 우리는 안다. 만일 지구가 멈추었다면, 뉴턴의 법칙들에 따라서, 지면에 묶여 있지 않은 모든 물체는 지구의 원래 속도(적도에서 시속 1770킬로미터)로 계속 움직였을 테고, 일몰이 늦어지는 대신에 엄청난 대가를 치렀을 것이다. 앞에서도 언급했지만 뉴턴은 신이 우주의 운행에 개입할 수 있고 실제로 개입한다고 거리낌 없이 믿었다.

　중력 다음으로 관련 법칙 혹은 모형이 발견된 우주의 측면은 전기력과 자기력이었다. 이 힘들은 중력과 유사하게 행동하지만, 한 가지 중요한 차이점은 같은 종류의 전하(電荷, electric charge)들이나 자석의 극들은 서로 밀어내고 다른 종류의 전하들이나 자석의 극들은 서로 끌어당긴다는 것이다. 전기력과 자기력은 중력보다 훨씬 더 세지만, 우리는 보통 일상생활에서 느끼지 못한다. 왜냐하면 거시적인 물체가 지닌 양전하와 음전하는 개수가 거의 같기 때문이다. 따라서 거시적인 물체들 사이의 전기력과 자기력은 대개 거의 0이다.

　현재 우리가 가진 전기와 자기에 대한 생각은 18세기 중반부터 19세기 중반까지 약 100년 동안 형성되었다. 그 시기에 여러 나라의 물리학자들이 전기력과 자기력을 실험을 통해서 자세하게 연구했다. 가장 중요한 발견들 가운데 하나는 전기력과 자기력이 서로 연관성이 있다는 것이었다. 움직이는 전하는 자석에 힘을 가하고, 움직이는 자석은 전하에 힘을 가한다. 전기력과 자기력의 관련성을 가장 먼저 깨달은 인물은 덴마크 물리학자 한스 크리스티안 외르스테드였다. 그는 1820년에 대학 강의를 준비하다가 전지에서 나온 전류가 근처에 있는 나침반의 바늘을 움직이는 것을 발견했다. 얼마 지나지 않아 그는 움직이는 전기가 자기력을 산출한다는 것을 깨닫고 "전자기력(電磁氣力, electromagnetism)"이라는 단어를 만들었다. 몇 년 뒤에 영국 과학자 마이클 패러데이는—오늘날의 용어로 표현하면—전류가 자기장을 일으킬 수 있다면, 자기장도 전류를 일으킬 수 있어야 한다고 추론했다. 그는 1831년에 그가 추론한 효과를 입증했다. 그로부터 14년 뒤에 패러데이는 전자기력과 빛 사이의 연관성도 발견했다. 그는 강한 전자기력이 편광된 빛에 영향을 미칠 수 있음을 보여주었다.

패러데이는 정식 교육을 거의 받지 못했다. 그는 런던 근처의 가난한 대장장이의 집에 태어나서 13세에 학교를 그만두고 서점에서 사환 겸 제본 기술자로 일했다. 그곳에서 여러 해에 걸쳐서 그는 관심을 가졌던 책들을 읽고 여유시간에 간단하고 저렴한 실험을 하면서 과학을 배웠다. 마침내 그는 위대한 화학자 험프리 데이비 경의 실험실에서 조수로 일하게 되었다. 패러데이는 이후 평생 동안 그 실험실에 머물렀으며, 데이비가 죽은 후에는 그의 후계자가 되었다. 패러데이는 수학 때문에 고통을 당했고 수학을 많이 배운 적도 없었다. 따라서 실험실에서 관찰한 이상한 전자기 현상들을 이론적으로 이해하는 일은 그에게 벅찬 과제였다. 그럼에도 그는 그 일을 해냈다.

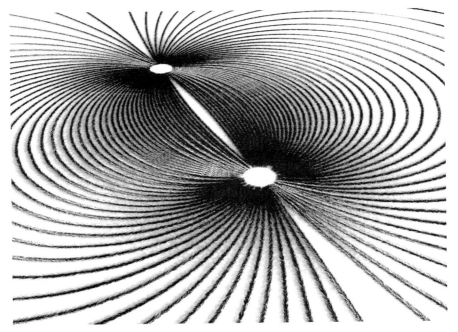

역장 가루의 반응을 통해서 가시화한 막대자석의 역장.

　패러데이가 이룩한 지적인 혁신들 중에서 가장 중요한 것은
역장(力場, force field)이라는 개념이었다. 요새는 곤충의 눈을
지닌 외계인과 우주선이 등장하는 책들과 영화들 덕분에 거의
누구나 그 용어에 익숙하다. 우리는 패러데이에게 저작권료를
지불해야 마땅한지도 모른다. 그러나 뉴턴 이후 패러데이까지
의 수백 년 동안 물리학의 최대 수수께끼 중 하나는, 물리학 법
칙들이 시사하는 대로라면, 힘들이 상호작용하는 물체들 사이
의 빈 공간을 뛰어넘어 작용을 하고 있는 듯하다는 점이었다.

패러데이는 그런 원격 작용이 마음에 들지 않았다. 대상을 움직이려면 무엇인가가 그 대상과 접촉해야 한다고 그는 믿었다. 그리하여 그는 전하들과 자석들 사이의 공간이 보이지 않는 관(tube)들로 채워져 있고, 그 관들이 물리적으로 서로 밀고 당긴다고 상상했다. 패러데이는 그 관들을 역장이라고 명명했다. 역장을 가시화하는 좋은 방법은 막대자석 위에 유리판을 놓고 그 위에 철가루를 뿌리는 것이다. 초등학생 시절에 누구나 해보았을 법한 이 실험에서 유리판과 철가루 사이의 마찰을 극복하기 위해서 유리판을 몇 번 가볍게 두드리면, 철가루는 마치 보이지 않는 힘에 밀리는 것처럼 움직여서 자석의 양극을 잇는 원호(圓弧)들의 패턴으로 배열된다. 그 패턴은 공간에 퍼져 있는 보이지 않는 자기력의 지도이다. 오늘날 우리는 모든 힘이 장(場, field)에 의해서 전달된다고 믿는다. 그러므로 장은 과학소설뿐 아니라 과학에서도 중요한 개념이다.

전자기력에 대한 우리의 지식은 수십 년 동안 정체되었다. 진보라고 해봐야 경험적인 법칙 몇 가지를 발견한 것이 전부였다. 전기와 자기가, 신비스럽지만, 밀접하게 연관되어 있다는 단서, 전기와 자기가 빛과 모종의 관계가 있다는 생각, 그리고 장이라는 개념이 진보의 전부였다. 전자기력에 관한 이론은 최소한 11가지가 존재했으나, 모두 결함이 있었다. 그러다가 1860년대에 스코틀랜드 물리학자 제임스 클럭 맥스웰이 패러데이의 생각을 발전시켜 전기와 자기와 빛 사이의 신비스럽고 밀접한 관계를 설명하는 수학적 이론을 개발했다. 그 결과는 전기력과 자기력을 전자기장(電磁氣場, electromagnetic field)이라는 동일한 물리적 존재의 두 가지 표현으로 기술하는 일련의 방정식들이었다. 맥스웰은 전기력과 자기력을 하나의 힘으로 통합한 것이었다. 더 나아가서 그는 전자기장이 파동의 형태로 퍼져나갈 수 있음을 증명했다. 그 파동의 속도는 그의 방정식들에 등장하는 어떤 수에 의해서 결정되는데, 그는 몇 년 전에 실험에 의해서 측정된 데이터를 토대로 그 수를 계산했다. 결국 전자기 파동의 속도를 계산해보니 놀랍게도 그 결과는 당시에 실험들을 통해서 1퍼센트 이내의 오차로 알려져 있었던 빛의 속도와 일치했다. 그는 빛이 전자기파라는 것을 발견했던 것이다.

맥스웰이 발견한, 전기장과 자기장을 기술하는 방정식들은 오늘날 맥스웰 방정식들이라고 불린다. 맥스웰 방정식들은 일반인에게 거의 알려져 있지 않지만, 아마도 우리가 아는 방정식들 중에서 상업적으로 가장 중요한 것일 것이다. 그것들은 가전제품에서부터 컴퓨터에 이르기까지 온갖 전기기계의 작동을 지배할 뿐 아니라, 마이크로파, 전파, 적외선, X선 등과 같은 빛 이외의 다른 전자기파들을 기술한다. 이 전자기파들은 한 가지 측면, 오직 파장에서만 가시광선과 다르다. 전파는 파장(파동의 한 마루에서 다음 마루까지의 길이)이 1미터 이상인 반면, 가시광선의 파장은 천만 분의 몇 미터, X선의 파장은 1억 분의 1미터 미만이다. 우리의 태양은 모든 파장을 복사하지만, 우리의 눈에 보이는 파장들을 가장 강하게 복사한다. 우리가 맨눈으로 볼 수 있는 파장들이 태양이 가장 강하게 복사하는 파장들과

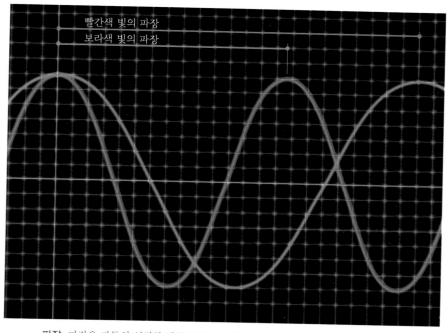

빨간색 빛의 파장
보라색 빛의 파장

파장 파장은 파동의 인접한 마루들(또는 골들) 사이의 거리이다.

일치한다는 사실은 아마 우연이 아닐 것이다. 우리에게 그 파장 범위의 전자기 복사가 가장 많이 주어지므로, 우리의 눈이 그 범위의 전자기 복사를 감지할 수 있도록 진화했을 가능성이 높다. 언젠가 우리가 다른 행성에서 온 존재들과 마주친다면, 그들은 아마도 그들의 태양이 가장 강하게 복사하는 파장들을 "보는" 능력을 가졌을 것이다. 물론 그들의 행성의 대기에 포함된 기체들과 먼지의 광선 차단 특성도 그들이 볼 수 있는 파장 범위에 영향을 미칠 것이다. 예컨대 X선이 많은 곳에서 진화한 외계인은 공항 검색대에서 가장 유능한 직원이 될 수 있을 것이다.

맥스웰 방정식들에 따르면, 전자기파는 초속 약 30만 킬로미터, 그러니까 시속 약 11억 킬로미터로 나아간다. 그러나 속도측정의 기준 틀을 명시하지 않고 속도를 이야기하는 것은 무의미하다. 물론 일상생활에서는 대개 그 기준 틀을 명시할 필요가 없다. 제한속도 표지판에 시속 100킬로미터라고 씌어 있다면, 그것은 우리 은하의 중심에 있는 블랙홀이 아니라 도로를 기준으로 자동차의 속도를 측정했을 때 시속 100킬로미터를 넘지 말아야 한다는 뜻이다. 그러나 일상생활에서도 때로는 기준 틀을 감안할 필요가 있다. 예컨대 당신이 날아가는 제트 여객기의 객실 통로에서 찻잔을 들고 걷는다면, 당신은 아마 당신의 속도가 시속 3킬로미터라고 말할 것이다. 그러나 지상에 있는 관찰자는 당신이 (여객기의 속도가 시속 917킬로미터라면) 시속 920킬로미터로 움직인다고 말할 것이다. 두 사람 중에 누구의 말이 옳으냐를 따지는 것은 무의미하다. 한 걸음 더 나아가서, 태양의 표면에 있는 관찰자도 생각해보자. 지구는 태양 주위를 돌고 있으므로, 그 관찰자는 (시원한 여객기 안에 있는 당신을 부러워하면서) 당신이 초속 약 29킬로미터로 움직인다고 말할 것이다. 이처럼 동일한 현상의 속도를 다양한 기준 틀에서 다양하게 측정할 수 있다. 그러므로 맥스웰이 자신의 방정식들에서 "광속(光速, speed of light)"을 도출했다고 주장했을 때, 자연스럽게 제기된 질문은 이것이었다. 맥스웰 방정식들에서 도출

116

한 빛의 속도는 무엇을 기준으로 삼은 속도일까?

맥스웰 방정식들에서 얻은 광속이 지구를 기준으로 측정한 속도라고 믿을 근거는 없다. 결국, 그 방정식들은 우주 전체에서 타당하니까 말이다. 한동안 고려된 대안적인 대답은 그 방정식들이 알려주는 광속은 그때까지 탐지되지 않았지만 온 우주에 충만한 발광 에테르(luminiferous ether) 혹은 줄여서 에테르라는 매질(媒質, medium)을 기준으로 삼은 속도라는 것이었다. 에테르는 원래 아리스토텔레스가 지상 근처를 벗어난 우주 전체에 가득 차 있다고 믿은 물질의 이름이었다. 소리가 퍼져나가는 매질이 공기인 것처럼, 전자기파가 퍼져나가는 매질은 그 가설적인 에테르라고 사람들은 한동안 생각했다. 만약 에테르가 존재한다면, 절대적인 정지(에테르를 기준으로 삼았을 때의 정지)를 말할 수 있고 따라서 절대적인 운동을 말할 수 있을 터였다. 에테르는 모든 속도 측정의 기준으로 온 우주에서 선호될 것이었다. 그런 이론적인 이유로 에테르의 존재가 가정되었고, 일부 과학자들은 에테르를 연구할 길이나 최소한 그 존재를 입증할 길을 모색하기 시작했다. 맥스웰 자신도 그런 과학자들 중 하나였다.

당신이 공기 속에서 음파(音波, sound wave)를 향해 달리면 그 파동은 당신에게 더 빠르게 다가오고, 당신이 음파에서 멀어지는 방향으로 달리면 그 파동은 당신에게 더 느리게 다가온다. 이와 유사하게, 만일 에테르가 존재한다면, 당신이 에테르에 대해서 상대적으로 어떻게 운동하느냐에 따라서 빛이 당신에게

다가오는 속도가 달라질 것이다. 만일 빛이 음파처럼 행동한다면, 초음속 비행기에 탄 사람들이 그 비행기가 뒤에 퍼뜨리는 소리를 전혀 듣지 못하는 것과 마찬가지로, 에테르 속에서 충분히 빠르게 이동하는 여행자들은 심지어 광파(光波, light wave)를 앞지를 수도 있을 것이다. 맥스웰은 이런 생각들에 기초해서 한 가지 실험을 제안했다. 만일 에테르가 존재한다면, 지구는 태양 주위를 돌 때 에테르 속에서 운동할 것이다. 또 지구는 1월에 운동하는 방향과 4월이나 7월에 운동하는 방향이 다르므로, 1년 중의 다양한 시기에 지구에서 광속을 측정하면 그 결과들 사이에 미세한 차이가 생겨야 마땅하다(다음 그림 참조).

맥스웰은 자신의 생각을 출판하려고 했으나, 그의 실험이 유효하지 않으리라고 생각한 「왕립 학회 회보(*Proceedings of the Royal Society*)」의 편집자는 맥스웰이 출판을 포기하도록 설득했다. 그러나 1879년에 고통스러운 위암으로 죽음을 목전에 둔 48세의 맥스웰은 한 친구에게 편지를 써서 그 제안을 언급했다. 그의 편지는 맥스웰이 죽은 후에 학술지 「네이처(*Nature*)」에 게재되었고, 앨버트 마이컬슨이라는 미국 물리학자 같은 사람들이 그 편지를 읽게 되었다. 맥스웰의 생각에서 영감을 얻은 마이컬슨과 에드워드 몰리는 1887년에 지구가 에테르 속에서 움직이는 속도를 측정하기 위해서 고안된 매우 섬세한 실험을 수행했다. 이들의 아이디어는 서로 직각을 이룬 두 방향에서 다가오는 광속을 비교하자는 것이었다. 만약 빛이 에테르에 대해서 상대적으로 이동하는 속도가 고정된 값이라면, 지구가 에테

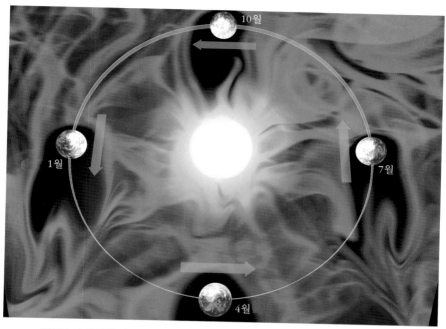

에테르 속에서의 지구의 운동 만일 지구가 에테르 속에서 운동하고 있다면, 빛의 속도가 계절에 따라서 달라지는 것을 관찰함으로써 그 운동을 탐지할 수 있어야 한다.

르 속에서 움직이고 있기 때문에, 다양한 방향에서 다가오는 광속들을 측정하면 조금씩 다른 값들이 나와야 마땅하다. 그러나 마이컬슨과 몰리가 얻은 측정값들은 기대한 차이를 나타내지 않았다.

　마이컬슨과 몰리가 얻은 실험 결과는 전자기파가 에테르 속에서 퍼져나간다는 모형과 확실히 충돌했고 따라서 에테르 모형을 퇴출시켰어야 했다. 그러나 마이컬슨의 목적은 빛이 에테르에 대해서 상대적으로 움직이는 속도를 측정하는 것이었지, 에테르 가설이 옳거나 그름을 증명하는 것이 아니었다. 그의 발견은 그를 에테르가 존재하지 않는다는 결론으로 이끌지 않았다. 다른 사람들도 그런 결론을 내리지 않았다. 유명한 물리학자 윌리엄 톰슨 경(켈빈 경)은 1884년에 심지어 이렇게 말했다. "역학에서 우리가 그 존재를 확신하는 유일한 실체. 우리가 확신하는 것이 하나 있다면, 그것은 발광 에테르의 실재성과 실체성이다."

마이컬슨–몰리 실험의 결과에도 불구하고 어떻게 에테르의 존재를 믿을 수 있을까? 거듭해서 하는 말이지만, 과학자들은 흔히 꼼수와 미봉책을 써서 모형을 살리려고 애쓴다. 당시의 과학자들도 에테르 모형을 살리려고 노력했다. 어떤 사람들은 지구가 움직이면서 에테르를 끌고 가기 때문에 에테르에 대해서 상대적인 지구의 운동이 실제로 없다고 주장했다. 네덜란드 물리학자 헨드릭 안톤 로렌츠와 아일랜드 물리학자 조지 프랜시스 피츠제럴드는, 에테르에 대해서 상대적으로 운동하는 기준 틀에서는 어떤 미지의 역학적 효과로 인해서 시계들이 느려지고 거리들이 줄어들기 때문에 그 틀에서 광속을 측정해도 멈춘 기준 틀에서 측정한 것과 똑같은 값이 나올 가능성이 높다고 주장했다. 에테르 개념을 살리기 위한 노력은 거의 20년 동안 계속되었으나, 마침내 베른의 특허청에서 일하는 무명의 젊은이 알베르트 아인슈타인의 괄목할 만한 논문 한 편이 그 노력에 종지부를 찍었다.

1905년에 "운동하는 물체의 전기역학에 대하여(Zur Elektro-dynamik bewegter köper)"를 발표했을 때 아인슈타인의 나이는 26세였다. 그 논문에서 그는 물리학의 법칙들, 특히 광속이 일정한 속도로 운동하는 모든 관찰자들에 대해서 동일해야 한다는 간단한 전제를 채택했다. 곧 밝혀졌지만, 이 전제는 공간과 시간에 대한 우리의 생각을 혁명적으로 바꿀 것을 요구한다. 왜 그런지를 이해하기 위해서, 제트 비행기 내부의 동일한 장소에서 시간 간격을 두고 두 사건이 일어난다고 상상해보자. 비행기 안의 관찰자가 보기에 그 두 사건 사이의 거리는 0일 것이다. 그러나 지상에 있는 관찰자가 보기에 그 사건들 사이의 거리는 0이 아니라 두 사건들이 일어난 시점들 사이의 시간 간격 동안에 비행기가 이동한 거리와 같을 것이다. 이처럼 서로에 대해서 상대적으로 움직이는 두 관찰자는 두 사건들 사이의 거리에 대해서 의견이 일치하지 않을 것이다.

이번에는 이들 두 관찰자가 비행기의 꼬리에서 머리로 이동하는 섬광을 관찰한다고 생각해보자. 위의 예에서와 마찬가지로, 그들은 그 섬광이 비행기 꼬리의 발사 지점에서 비행기 머리의 탐지 지점까지 이동한 거리에 대해서 의견이 서로 다를 것이다. 그런데 속도는 이동거리 나누기 시간이므로, 만일 그들이 섬광의 속도—광속—에 대해서 의견이 일치한다면, 그들은 섬광이 발사된 후부터 탐지될 때까지의 시간 간격에 대해서 의견이 서로 다를 것이다.

이것은 이상야릇한 상황이다. 두 관찰자가 **동일한 물리적 과정**

비행 중인 제트 비행기의 내부 당신이 제트 비행기 안에서 공을 바닥에 떨어뜨리면, 기내의 관찰자는 공이 거듭 튀어오르면서 매번 같은 지점에 떨어진다고 판단하는 반면, 지상의 관찰자는 공이 떨어지는 지점들 사이에 큰 간격이 있다고 판단할 것이다.

을 보면서도 시간을 다르게 측정하니까 말이다. 아인슈타인은 이 상황을 억지로 설명하려고 애쓰지 않았다. 그는 시간 간격에 대한 측정 결과는 이동 거리에 대한 측정 결과와 마찬가지로 측정을 하는 관찰자에 따라서 달라진다는 놀랍지만 논리적인 결론을 내렸다. 이 효과는 아인슈타인의 1905년 논문에 담긴 이른바 특수상대성이론(special theory of relativity)을 이해하

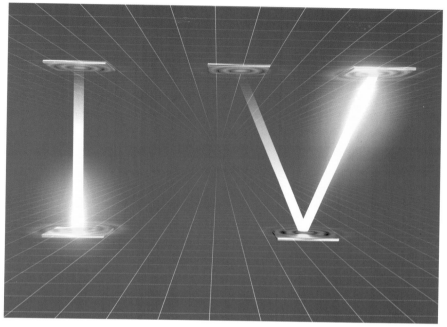

시간 지체 멈추어 있는 관찰자가 보기에 움직이는 시계들은 느리게 간다. 이 효과는 생물학적 시계들에도 적용되므로, 멈추어 있는 관찰자가 보기에 움직이는 사람들은 느리게 늙는다. 그러나 불로장생의 희망을 너무 부풀리지는 마시라. 일상적인 속도로 움직이는 사람들이 더 느리게 늙는 정도는 평범한 시계로 측정할 수 없을 정도로 미미하다.

기 위한 열쇠들 중의 하나이다.

이 분석을 시간 측정 장치들에 적용하기 위해서, 두 관찰자가 시계 하나를 본다고 가정해보자. 특수상대성이론에 따르면, 그 시계에 대해서 상대적으로 멈추어 있는 관찰자가 보기에 그 시계는 더 빠르게 작동하고, 그 시계에 대해서 상대적으로 운동하는 관찰자가 보기에 그 시계는 더 느리게 작동한다. 이 사실을 이해하기 위해서, 섬광이 비행기의 꼬리에서 머리까지 이동하는 것이 시계의 초침이 한번 움직이는 것에 해당한다고 생각해보자.

그러면 지상의 관찰자가 보기에 비행기의 섬광 시계가 더 느리게 작동하는 까닭을 쉽게 이해할 수 있다. 지상의 관찰자가 속한 기준 틀에서 보면, 그 섬광이 더 먼 거리를 이동해야 비행기의 머리에 도달하고, 따라서 섬광 시계의 초침이 한번 움직이는 데에 더 오랜 시간이 걸리게 된다. 이 시간 지체 효과는 시계의 메커니즘에 의존하지 않으며 우리 몸의 생물학적 시계를 비롯한 모든 시계에 적용된다.

아인슈타인의 논문은 정지와 운동이 절대적이지 않은 것과 마찬가지로 시간도 절대적이지 않음을, 뉴턴이 생각한 절대시간은 있을 수 없음을 보여주었다. 바꿔 말해서 모든 각각의 사건에 모든 관찰자가 동의할 시간 좌표를 부여하는 것은 불가능하다. 오히려 모든 관찰자들은 제각각 나름의 시간 척도를 가졌고, 서로에 대해서 상대적으로 운동하는 두 관찰자의 시간 측정값들은 일치하지 않는다. 아인슈타인의 생각들은 우리의 상식에 어긋난다. 왜냐하면 우리가 일상생활에서 마주치는 평범한 속도의 대상들에서는 특수상대성이론의 효과들이 뚜렷하게 나타나지 않기 때문이다. 그러나 그 효과들은 실험에 의해서 거듭 입증되었다. 예컨대 지구의 중심에 기준 시계가 멈추어 있고, 또 다른 시계가 지구의 표면에 있고, 세 번째 시계가 비행기에 실려 지구의 자전 방향과 같은 방향으로 또는 그 반대 방향으로 날아간다고 상상해보자. 지구 중심에 있는 시계를 기준으로 삼을 때, 동쪽으로—지구의 자전 방향과 같은 방향으로—날아가는 비행기에 실린 시계는 지구 표면의 시계보다 더 빠르게 운동하므로 더 느리게 작동해야 한다. 마찬가지로 지구 중심의 시계를 기준으로 삼을 때, 서쪽으로—지구의 자전 방향의 반대 방향으로—날아가는 비행기에 실린 시계는 지구 표면의 시계보다 더 느리게 운동하므로 더 빠르게 작동해야 한다. 이와 같은 효과는 1971년 10월에 매우 정밀한 원자시계를 비행기에 싣고 수행한 실험에서 정확하게 관찰되었다. 그러므로 당신이 더 오래 살기를 원한다면, 비행기를 타고 계속 동쪽으로 날아가면서 살면 된다. 물론 그렇게 살다보면 항공사가 제공하는 기내 영화들에 신물이 나겠지만 말이다. 하지만 이 시간 지체 효과는 지구를 한바퀴 돌 때마다 약 10억 분의 180초 정도로 매우 작다(또 중력의 차이 때문에 발생하는 또 다른 효과 때문에 약간 줄어드는데, 이 대목에서 그 효과를 논할 필요는 없다).

아인슈타인의 논문은 물리학자들에게 다음과 같은 사실을 일깨워주었다. 광속이 모든 기준 틀에서 동일하다고 전제할 경우, 맥스웰의 전자기이론은 시간을 공간의 세 차원과 별개로 취급할 수 없게 만든다. 오히려 시간과 공간은 얽혀 있다. 그렇다면 평범한 세 차원인 좌/우, 앞/뒤, 위/아래에 네 번째 차원으로 과거/미래를 추가해서 한꺼번에 다루어야 한다. 물리학자들은 그렇게 결합된 시간과 공간을 "시공(時空, space-time)"이라고 부른다. 시공의 네 번째 차원인 시간은 공간의 세 차원과 별개가 아니다. 대략적으로 말해서, 좌/우, 앞/뒤, 위/아래가 관찰자의 방향에 따라서 달라지는 것과 마찬가지로 시간의 방향도 관찰자의 속도에 따라서 달라진다. 다양한 속도로 운동하는 관찰자들은 시공에서 시간의 방향을 다르게 선택할 것이다. 이처럼 아인슈타인의 특수상대성이론은 절대시간과 절대 정지(고정된 에테르를 기준으로 삼았을 때의 정지)의 개념을 제거한 새로운 모형이었다.

얼마 후에 아인슈타인은 중력을 상대성이론과 조화시키려면 또 다른 변화가 필요함을 깨달았다. 뉴턴의 중력이론에 따르면, 임의의 시점에서 물체들이 서로를 끌어당기는 힘은 바로 그 시점에서 그것들 사이의 거리에 따라서 달라진다. 그런데 상대성이론은 절대시간의 개념을 폐기했으므로 물체들 사이의 거리를 측정할 시점을 확정할 길이 없었다. 따라서 뉴턴의 중력이론은 상대성이론과 조화를 이룰 수 없었고 수정되어야 했다. 이 문제가 그저 기술적인 난점인 것처럼, 심지어 이론을 약간만 손보면 우회할 수 있는 사소한 문제인 것처럼 보일 수도 있을 것이다. 그러나 알고 보니 진실은 정반대였다.

특수상대성이론을 발표한 이후 11년 동안 아인슈타인은 새로운 상대성이론을 개발했다. 그는 그 이론을 일반상대성이론(general theory of relativity)이라고 명명했다. 일반상대성이론에서 중력의 개념은 뉴턴의 중력 개념과 전혀 다르며, 기존의 생각과 달리 시공이 평평하지 않고 질량과 에너지에 의해서 휘어진다는 혁명적인 생각을 기초로 삼는다.

시공의 휘어짐(curvature)을 직관적으로 파악하는 좋은 방법은 지구의 표면을 생각해보는 것이다. 지구의 표면은 비록 2차원이지만(지구의 표면에는 오직 두 방향, 이를테면 남북 방향과 동서 방향만 있으므로, 지구의 표면은 2차원이다) 우리는 지구의 표면을 휘어진 공간의 예로 사용할 것이다. 왜냐하면 휘어진 2차원 공간은 휘어진 4차원 공간보다 직관적으로 떠올리기가 더 쉽기 때문이다. 지구의 표면과 같은 휘어진 공간의 기하학은 우리에게 익숙한 유클리드 기하학이 아니다. 예를 들면 지구의 표면에서 두 점 사이의 최단경로—유클리드 기하학에서는 직선이지만—는 이른바 대원(大圓, great circle)이다(대원이란 지구의 표면에 있으며 그 중심이 지구의 중심과 일치하는 원이다. 예컨대 적도, 그리고 적도의 임의의 지름을 중심으로 적도를 회전시켜서 얻은 임의의 원은 대원이다).

예컨대 당신이 뉴욕에서 마드리드로 여행하려 한다고 해보자. 두 도시의 위도는 거의 같다. 만일 지구의 표면이 평평하다면, 가장 짧은 여행경로는 곧장 동쪽으로 향하는 경로일 것이다. 당신이 그 경로를 선택하면, 5,966킬로미터를 여행해야 마드리드에 도착하게 된다. 그러나 지구의 표면은 휘었기 때문에, 평면 지도에서는 곡선이고 따라서 더 길게 보이지만, 실제로는 더 짧은 경로가 존재한다. 당신이 그 대원 경로를 선택하여 처음에는 북동쪽으로 출발해서 방향을 점차 동쪽으로 바꾸고 이어서 남동쪽으로 바꾸면서 여행한다면, 당신은 5,802킬로미터를 이동하여 마드리드에 도착할 것이다. 이 두 경로의 길이 차이는 지구 표면의 휘어짐 때문에 발생하며 지구 표면의 기하학이 비유클리드 기하학이라는 증거이다. 항공사들은 그 차이를 잘 알기 때문에 조종사들에게 가능하면 대원 경로를 선택하도록 한다.

뉴턴의 운동법칙들에 따르면, 포탄, 크루아상, 행성 등의 물체는 예컨대 중력과 같은 힘을 받지 않으면 직선으로 이동한다. 그러나 아인슈타인의 이론에서 중력은 다른 힘들과 유사한 힘이 아니다. 오히려 중력은 질량이 시공을 휘어지게 한다는 사실의 귀결이다. 아인슈타인의 이론에 따르면 물체는 측지선(測地線, geodesic)을 따라서 이동한다. 휘어진 공간에서 측지선은 평평한 공간에서의 직선과 마찬가지로 두 점 사이의 최단경로이다. 따지고 보면, 직선은 평평한 공간에서의 측지선이며, 대원은 지구 표면에서의 측지선이다. 물질이 없을 때, 4차원 시공에서 측지선은 3차원 공간에서의 직선과 같다. 그러나 물질이 있어서 시공이 휘면, 그 시공에 대응하는 3차원 공간에서 물체들의 경로도 휜다. 기존의 뉴턴 이론은 그 휨을 중력의 끌어당김으로써 설명했다. 시공이 평평하지 않을 때, 물체들의 경로는 휘어져서 물체들이 어떤 힘을 받는 듯한 인상을 풍긴다.

아인슈타인의 일반상대성이론은 중력이 없을 경우 특수상대성이론과 일치하며 우리 태양계처럼 중력이 약한 환경에서는 뉴턴의 중력이론과 거의 똑같은 예측들을 가능하게 한다. 그러나 완전히 똑같은 예측들은 아니다. 실제로, 만일 GPS 위성 항법 시스템의 경우에 일반상대성이론을 감안하지 않는다면, 매

128

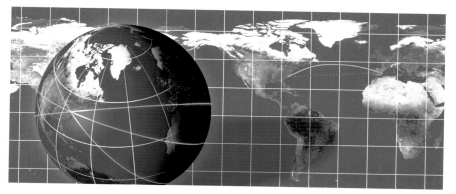

측지선 지구의 표면에서 두 점 사이의 최단 경로를 평평한 지도에 그리면 곡선으로 보인다.

일 10킬로미터 정도의 오차가 누적될 것이다. 그러나 그 이론이 개업한 레스토랑으로 가는 길을 알려주는 장치에 적용된다는 것은 어떤 의미에서는 사소한 일이다. 일반상대성이론의 진정한 중요성은 그 이론이 우주를 표현하는 전혀 다른 모형이며 중력파와 블랙홀을 비롯한 새로운 현상들을 예측한다는 점에 있다. 또한 일반상대성이론은 물리학을 기하학으로 바꿔놓았다. 극도로 정밀한 현대의 테크놀로지 덕분에 우리는 일반상대성이론을 다양한 방식으로 검증할 수 있는데, 그 이론은 지금까지 모든 검증을 통과했다.

맥스웰의 전자기이론과 아인슈타인의 상대성이론—일반상대성이론—은 물리학을 혁명적으로 변화시켰지만, 뉴턴의 물리학과 마찬가지로 고전이론들이다. 바꿔 말해서, 그 이론들에서 우주는 단일한 역사를 가지고 있다. 앞 장에서 보았듯이, 원자와 아원자 규모에서 고전이론들은 관찰에 부합하지 않는다. 따라서 우리는 양자이론들을 사용해야 하고, 그 이론들에서 우주는 어떤 가능한 역사들을 가질 수 있는데, 그 역사는 제각각 고유한 강도(intensity) 혹은 확률 진폭(probability amplitude)을 가지고 있다. 일상세계에 관한 실용적인 계산들에서 우리는 계속 고전이론을 사용할 수 있다. 그러나 원자와 분자의 행동을 이해하려면, 맥스웰 전자기이론의 양자 버전(quantum version)이 필요하고, 우주에 있는 모든 물질과 에너지가 좁은 공간에 밀집해 있던 까마득한 과거를 이해하려면 일반상대성이론의 양자 버전이 있어야 한다. 그런 양자 버전들은 다음과 같은 이유에서도 필요하다. 만일 우리가 자연에 대한 궁극적인 지식을 추구한다면, 일부 법칙들은 양자적이고 다른 법칙들은 고전적이어서는 일관성이 없을 것이다. 그러므로 우리는 모든 자연법칙들의 양자 버전을 발견해야 한다. 그렇게 자연법칙들을 양자적으로 기술하는 이론들을 일컬어 양자장이론(量子場理論, quantum field theory)이라고 한다.

우리가 아는 자연의 힘들을 다음의 네 부류로 구분할 수 있다.

1. **중력**(gravity) : 자연의 네 가지 힘 가운데 가장 약하지만, 먼 거리까지 미치며 우주에 있는 모든 것에 인력으로 작용한다. 큰 물체들에서는 중력이 다른 모든 힘들을 압도할 수 있다.

2. **전자기력**(Electromagnetism) : 역시 먼 거리까지 미치며 중

력보다 훨씬 더 강하지만, 전하를 띤 입자들에만 작용한다. 부호가 같은 전하들 사이에서는 척력(斥力, repulsive force), 부호가 반대인 전하들 사이에서는 인력(引力, attractive force)이다. 큰 물체들에서는 그 척력과 인력이 대개 상쇄되어 효과가 없지만, 원자와 분자의 규모에서는 지배적인 구실을 한다. 전자기력은 모든 화학과 생물학의 토대이다.

3. 약한 핵력(weak nuclear force) : 방사능의 원인이며 별들과 초기 우주에서 원소들이 형성되는 과정에서 결정적인 구실을 한다. 그러나 일상생활에서는 이 힘을 경험할 수 없다.

4. 강한 핵력(strong nuclear force) : 원자핵 내부의 양성자들과 중성자들을 묶어놓는 힘이다. 양성자와 중성자를 이루는 (제3장에서 언급한) 쿼크라는 더 작은 입자들을 묶는 힘이기도 하다. 강한 핵력은 태양과 핵발전소에서 생산되는 에너지의 원천이지만, 약한 핵력과 마찬가지로 일상생활에서 직접 경험할 수 없다.

가장 먼저 양자적으로 기술된 힘은 전자기력이다. 전자기장을 다루는 양자이론, 즉 양자전기역학(quantum electrodynamics, QED)은 1940년대에 리처드 파인만 등에 의해서 개발되어 모든 양자장이론의 모범이 되었다. 이미 언급했듯이, 고전이론에 따르면 힘은 장에 의해서 전달된다. 그러나 양자장이론에서 역장은 보존(boson)이라는 다양한 기본입자들로 이루어졌다고 기술된다. 보존들은 물질 입자들 사이를 오가며 힘을 전달하는, 힘 운반 입자들이다. 반면에 물질 입자들은 페르미온(fermion)이라고 불린다. 예컨대 전자와 쿼크는 페르미온이고, 빛 입자, 즉 광자는 보존이다. 광자는 전자기력을 전달하는 보존이다. 전자기력이 작용할 때 일어나는 일은 다음과 같다. 전자와 같은 물질 입자 하나가 보존 하나를 방출하게 되면, 그 반동으로 밀려난다. 마치 포가 포탄을 발사하면서 반동으로 밀려나듯이 말이다. 방출된 보존은 또 다른 물질 입자와 충돌하여 흡수되면서 그 입자의 운동을 변화시킨다. QED에 따르면, 전하를 띤 — 전자기력을 느끼는 — 입자들 사이의 모든 상호작용은 광자 교환을 통해서 기술된다.

QED의 예측들은 실험 결과들과 매우 정확하게 일치하는 것으로 판명되었다. 그러나 QED가 요구하는 수학 계산들은 수행하기가 어려울 수 있다. 곧 살펴보겠지만, 문제는 방금 설명한 입자 교환의 기본 틀에 상호작용을 산출할 수 있는 모든 역사들 — 예컨대 힘 운반 입자들이 교환될 수 있는 모든 방식들 — 을 포괄해야 한다는 양자적인 요구를 추가하면 수학이 복잡해진다는 것이다. 다행스럽게도 파인만은 대안 역사들이라는 개념 — 양자이론들을 앞 장에서 기술한 대로 생각하는 방식 — 을 발명한 것은 물론이고 다양한 역사들을 시각적으로 깔끔하게 표현하는 방법을 개발했다. 그 방법은 오늘날 QED뿐 아니라 모든 양자장이론에서 사용된다.

파인만이 개발한 시각적 표현법은 역사들의 합에 포함된 항들 각각을 시각화할 길을 제공한다. 그 결과로 산출되는 그림은 파인만 도표(Feynman diagram)라고 불리며 현대물리학에서 가장 중요한 도구의 하나이다. QED에서 모든 가능한 역사들의 합은 뒤에 있는 것들과 같은 파인만 도표들의 합으로 표현될 수 있다. 이 도표들은 전자 두 개가 전자기력으로 서로를 밀쳐낼 때 채택할 수 있는 방식들 중 일부를 표현한다. 도표에서 곧은 선은 전자, 구불구불한 선은 광자를 나타낸다. 시간은 도표의 아래에서 위로 흐르고, 선들이 만나는 곳은 전자가 광자를 방출하거나 흡수하는 곳이다. 도표 (A)는 전자 두 개가 서로 접근하여 광자 하나를 교환한 다음에 각자의 길로 가는 것을 표현한다. 그것은 전자 두 개가 전자기적으로 상호작용하는 가장 단순한 방식이다. 그러나 우리는 모든 가능한 역사들을 고려해야 한다. 그러므로 도표 (B) 등도 포함시켜야 한다. 도표 (B)도 두 전자가 서로 접근하는 것과 서로 밀쳐내어 멀어지는 것을, 수렴하는 두 선과 발산하는 두 선으로 보여준다. 그러나 이 도표에서 전자들은 서로 멀어지기 전에 광자를 2개 교환한다. 아래 도표들은 모든 가능성들 가운데 극히 일부에 불과하다. 실제로 수학적으로 고려해야 할 도표들의 개수는 무한히 많다.

파인만 도표는 상호작용이 일어나는 방식을 시각화하고 범주화하는 깔끔한 방식에만 불과한 것이 아니다. 파인만 도표에 딸린 규칙들을 알면, 도표 속의 선들과 꼭지점들에서 수학적인 의미를 읽어낼 수 있다. 말하자면, 어떤 주어진 초기 운동량으로

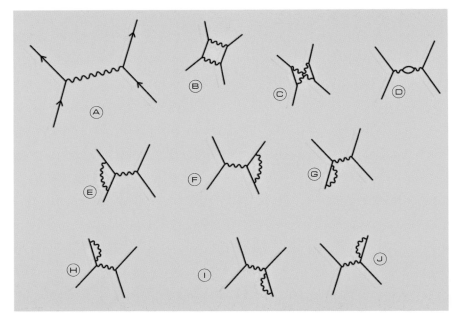

파인만 도표들 이 도표들은 전자 두 개가 서로를 밀쳐내는 과정을 표현한다.

서로 접근하는 전자들이 특정한 최종 운동량으로 흩어질 확률을, 파인만 도표 각각이 기여한 것을 합산함으로써 계산할 수 있다. 이 계산은 간단하지 않을 수 있다. 왜냐하면 이미 언급했듯이 파인만 도표들은 수적으로 무한대이기 때문이다. 게다가 맨 처음에 서로 접근하는 전자들과 맨 끝에 서로 흩어지는 전자들에는 확정된 에너지와 운동량이 부여되지만, 도표 내부의 닫힌 고리들에서 등장하는 입자들은 에너지와 운동량을 임의로 소유할 수 있다. 이 사실은 중요하다. 왜냐하면 파인만 역사 합을 구하려면 모든 도표들에 대해서뿐만 아니라 그 모든 에너지

134

파인만 도표들 파인만은 파인만 도표들로 장식된 유명한 밴을 탔다. 이 그림은 이 도표들을 보여주려고 화가에게 의뢰하여 제작한 것이다. 파인만은 1988년에 사망했지만, 그의 밴은 지금도 캘리포니아 공과대학 근처의 차고를 거점으로 활약 중이다.

와 운동량의 값들에 대해서도 합산을 해야 하기 때문이다.

파인만 도표는 QED가 기술하는 과정들을 시각화하고 그것들의 확률을 계산하는 데에 극히 유용한 수단이다. 그러나 그 도표는 QED를 괴롭히는 중요한 문제를 해결하지 못했다. 그 문제는 무한히 많은 역사들의 기여를 합산하면 결과가 무한대가 된다는 것이다(무한급수의 항들이 충분히 빠르게 작아지면 무한급수의 합이 유한할 수 있지만, 안타깝게도 이 경우에는 그렇지 않다). 구체적으로 말하면, 파인만 도표들을 합산한 결과는 전자의 질량과 전하량이 무한대라는 것을 함축하는 듯하다.

이것은 터무니없는 결과이다. 왜냐하면 우리는 전자의 질량과 전하량을 측정할 수 있고, 그 값들은 유한하기 때문이다. 이런 무한들을 처리하기 위해서 재규격화(renormalization)라는 절차가 개발되었다.

재규격화는 무한한 음(陰)의 값을 지닌 양(量)들을 제거하는 기법인데, 구체적으로 말하면, 이론에서 발생하는 무한한 음의 값들과 무한한 양(陽)의 값들이 합산 과정에서 거의 상쇄되고, 관찰된 유한한 질량 값과 전하량 값과 같은 작은 나머지 값만 남게 만드는 면밀한 수학적 절차이다. 이런 조작은 수학 시험에서 허용되지 않는 억지처럼 보일 수도 있다. 실제로 재규격화는 수학적으로 의심스러운 기법인 것 같다. 의심스러운 측면을 하나만 지적하면, 재규격화를 통해서 전자의 질량 및 전하량 값을 산출하면, 임의의 유한한 값을 얻을 수 있다.

따라서 음(陰)의 무한(無限)들을 적당히 선택하면 정답을 얻을 수 있다는 장점이 있지만, 다른 한편으로 전자의 질량과 전하량을 이론적으로 예측할 수 없다는 단점이 있다. 그러나 재규격화를 통해서 전자의 질량과 전하량을 일단 확정한 뒤에, 우리는 QED로부터 매우 정확한 예측들을 많이 도출할 수 있으며, 그 모든 예측들은 극도로 정확하게 관찰 자료들과 일치한다. 그러므로 재규격화는 QED의 핵심요소들 중 하나이다. 예컨대 QED가 초기에 이룬 성취들 중 하나는 이른바 램 이동(Lamb shift)을 옳게 예측한 것이었다. 램 이동은 수소 원자의 에너지 레벨(level)들 중 하나에서 일어나는 작은 변화로 1947년에 발견되었다.

QED에서 재규격화가 이룬 성공은 자연에 있는 다른 세 가지 힘들을 기술하는 양자장이론을 개발하려는 노력에 힘을 실어주었다. 그러나 자연의 힘들이 네 가지인 것은 아마도 지식이 부족한 우리가 인위적으로 그렇게 구분하기 때문일 것이다. 그러므로 사람들은 네 가지 힘을 양자이론과 조화를 이루는 단일한 법칙으로 통합하는 만물의 이론(theory of everything)을 추구해 왔다. 그런 이론은 물리학의 성배(聖杯)라고 할 수 있을 것이다.

약한 핵력에 관한 이론에서 얻은 교훈은 통합이 옳은 접근법임을 시사한다. 약한 핵력을 기술하는 양자장이론은 그 자체로는 재규격화될 수 없다. 다시 말해 그 이론에서 등장하는 무한들은 유한한 수의 질량과 전하량 등의 양들을 뺌으로써 제거할 수 없다. 그러나 1967년에 압두스 살람과 스티븐 와인버그는 각자 독립적으로 전자기력을 약한 핵력과 통합하는 이론을 제안했고 그 통합을 통해서 성가신 무한들을 처리할 수 있음을 발견했다. 그들이 제안한 통합된 힘을 일컬어 전기약력(electroweak force)이라고 한다. 전기약력에 관한 이론은 재규격화될 수 있었으며 W^+, W^-, Z°라는 세 가지 새로운 입자의 존재를 예측했다. Z°의 증거는 1973년에 제네바의 유럽 공동원자핵연구소(CERN)에서 발견되었다. W입자들과 Z입자들은 1983년에 이르러서야 직접 관찰되었지만, 살람과 와인버그는 1979년에 노벨 상을 받았다.

강한 핵력은 QCD, 곧 양자색역학(量子色力學, quantum

chromodynamics)이라는 이론에서 그 자체로 재규격화될 수 있다. QCD에 따르면, 양성자와 중성자, 그리고 다른 많은 기본 물질 입자들은 쿼크들로 이루어졌고, 쿼크들은 물리학자들이 "색(色, color)"이라고 명명한 진기한 속성을 지녔다("양자색역학"이라는 명칭도 쿼크의 "색"과 관련이 있다. 그러나 쿼크의 색은 유용한 표찰일 뿐, 가시적인 색과 무관하다). 쿼크들의 색은 적색, 녹색, 청색, 그렇게 세 가지이다. 게다가 각각의 쿼크는 반입자 짝꿍을 가졌는데, 그 짝꿍 입자들의 색은 반(反)적색, 반(反)녹색, 반(反)청색이라고 불린다. 쿼크들과 반쿼크들은 다양하게 조합될 수 있는데, 오직 최종 색이 없는 조합만이 독립적인 입자로 존재할 수 있다. 그런 중립적인 쿼크 조합을 얻는 방법은 두 가지이다. 색과 반(反)색은 상쇄된다. 따라서 쿼크와 반쿼크는 색이 없는 쌍을 이루는데, 그 쌍은 중간자(meson)라는 불안정한 입자이다. 또 세 가지 색(또는 반색)이 다 모이면, 최종 색은 없어진다. 따라서 각각 다른 색을 지닌 쿼크 세 개가 조합되면 중입자(重粒子, baryon)라는 안정된 입자가 형성된다(반[反]쿼크 세 개가 조합되면 중입자의 반[反]입자가 형성된다). 양성자와 중성자는 중입자이며 원자핵의 구성요소이고 우주에 있는 모든 평범한 물질의 기초이다.

또한 QCD는 점근적 자유성(漸近的自由性, asymptotic freedom)이라는 속성을 지녔다. 우리는 제3장에서 이 명칭은 언급하지 않았지만, 이 속성을 이야기했다. 점근적 자유성이란 쿼크들 사이의 강한 핵력이 쿼크들이 서로 가까이 있을 때는

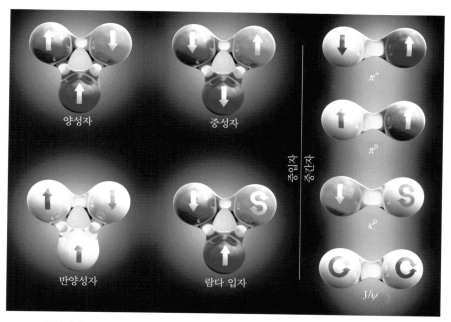

양성자

중성자

반양성자

람다 입자

π⁺

π⁰

중입자
중간자

중입자와 중간자 중입자와 중간자는 쿼크들이 강한 핵력에 의해서 묶인 결과들이라고 한다. 중입자들과 중간자들이 충돌하면, 쿼크들이 교환될 수 있다. 그러나 개별 쿼크를 관찰할 수는 없다.

작지만 멀어질수록 커지는 것을 의미한다. 요컨대 쿼크들은 고무 밴드로 묶여 있는 것처럼 행동한다. 점근적 자유성은 우리가 개별 쿼크들을 자연에서 보지 못하고 실험실에서 분리하지도 못하는 이유를 설명해준다. 하지만 우리는 개별 쿼크들을 관찰할 수 없음에도 불구하고 쿼크 모형을 받아들인다. 왜냐하면 그 모형은 양성자와 중성자와 기타 물질 입자들의 행동을 아주 잘 설명하기 때문이다.

약한 핵력과 전자기력을 통합한 물리학자들은 1970년대에 강한 핵력을 추가로 통합할 길을 모색했다. 약한 핵력과 전자기력과 강한 핵력을 통합하는 이른바 대통일이론(grand unified theories, GUTS)은 여러 가지가 존재한다. 그러나 그 이론들은 거의 모두, 우리를 이루는 요소이기도 한 양성자가 평균적으로 약 10^{32}년 존속한 후에 붕괴해야 한다고 예측한다. 우주의 나이가 약 10^{10}년에 불과하다는 것을 생각할 때, 10^{32}년은 너무나 긴 수명이다.

그러나 양자물리학에서 어떤 입자의 평균 수명이 10^{32}년이라는 이야기는, 그 입자의 대부분이 대략 10^{32}년 동안 존속한다는 뜻은 아니다. 그 이야기의 뜻은 오히려 그 입자 하나가 1년 동안 붕괴할 확률이 매년 10^{32} 분의 1이라는 것이다. 따라서 만일 양성자 10^{32}개가 들어 있는 통을 몇 년 동안 관찰한다면, 양성자 몇 개가 붕괴하는 것이 관찰되어야 당연하다. 그런 통을 마련하는 것은 그리 어렵지 않다. 왜냐하면 물 1,000톤 속에 들어 있는 양성자만 해도 족히 10^{32}개가 되기 때문이다. 이런 식으로 양성자의 붕괴를 관찰하는 실험들이 이미 수행되었다. 그런데 그 실험들에서 밝혀졌듯이, 양성자의 붕괴를 탐지하고 끊임없이 우주에서 들어오는 우주 복사선이 일으키는 다른 사건들과 구별하는 것은 쉬운 일이 아니다. 그 실험들은 잡음을 최소화하기 위해서 깊은 지하에서 이루어진다. 예컨대 일본의 어느 산 아래 지하 1,000미터에 위치한 가미오카 광업제련회사의 광산에서도 실험 중인데, 그곳은 우주복사선으로부터 어느 정도 보호된다. 2009년에 이루어진 관찰을 근거로 연구자들은 설령 양성자가 붕괴한다고 하더라도 그 수명은 약 10^{34}년보다 더 길다는 결론을 내렸다. 이것은 대통일이론들에게 나쁜 소식이다.

대통일이론들은 관찰 증거에 의해서 뒷받침되지 않았으므로, 대부분의 물리학자들은 표준모형(standard model)이라는 임시방편적인 이론을 채택했다. 표준모형은 전기약력과 강한 핵력을 다루는 양자색역학을 뭉뚱그린 결과이다. 그러나 그 모형에서 전기약력과 강한 핵력은 진정으로 통합되지 않은 채, 각각 별개로 작용한다. 표준모형은 매우 성공적이고 현재의 모든 관찰 증거에 부합하지만 결론적으로 불충분하다. 왜냐하면 전기약력과 강한 핵력을 통합하지 못할 뿐더러 중력을 아우르지 못하기 때문이다.

강한 핵력을 전기약력과 융합하는 일은 어렵다고 판명되었다. 그러나 그 어려움은 중력을 다른 세 힘과 융합하는 일의 어려움에 비하면 아무것도 아니다. 심지어 독자적인 양자중력이론(quantum theory of gravity)을 개발하는 일도 강한 핵력과 전기약력을 융합하는 일보다 훨씬 더 어렵다.

양자중력이론을 개발하기가 그토록 어려운 까닭은 우리가 제4장에서 논한 하이젠베르크의 불확정성원리와 관련이 있다. 자명하지는 않지만 따져보면 알 수 있듯이, 장의 값과 그 변화율은 불확정성원리와 관련해서 입자의 위치 및 속도와 같은 구실을 한다. 다시 말해 하나가 정확히 결정될수록, 나머지 하나는 덜 정확하게 결정될 수밖에 없다. 이로부터 발생하는 중요한 귀

"이렇게 테두리를 친다고 해서 통일이론이 만들어질
성싶지는 않습니다."

결 하나는, 빈 공간 따위는 없다는 것이다. 왜냐하면 공간이 비
었다는 것은 장의 값과 그 변화율이 둘 다 정확히 0임을 뜻할
터이기 때문이다. 불확정성원리는 장의 값과 그 변화율이 둘 다
정확하게 결정되는 것을 허용하지 않는다. 따라서 공간은 절대
로 비어 있지 않다. 공간은 진공이라는 최소 에너지 상태에 있
을 수 있지만, 그 상태는 이른바 양자 동요(quantum jitter), 즉
진공 요동(vacuum fluctuation)을 겪는 상태, 입자들과 장들이
진동하듯이 생겨나고 사라지는 상태이다.

　진공 요동은 입자 쌍이 생겨나서 충돌하고 상쇄되는 과정으
로 생각할 수 있다. 이 과정은 파인만의 도표에서 닫힌 고리

(closed loop)에 해당하고, 쌍을 이룬 입자들은 가상입자(virtual particle)라고 불린다. 실제 입자와 달리 가상입자는 입자 탐지장치로 직접 관찰할 수 없다. 그러나 가상입자의 간접효과들—예컨대 전자 궤도의 에너지가 약간 바뀌는 것—은 측정 가능하며 이론의 예측과 놀랄 만큼 정확하게 일치한다. 문제는 가상입자가 에너지를 가졌다는 점이다. 진공에는 가상입자 쌍들이 무한히 많으므로, 에너지도 무한히 많을 것이다. 그러므로 일반상대성이론에 따르면, 그 가상입자들은 우주를 구부려서 무한히 작은 크기로 만들어야 한다. 그러나 그런 일은 일어나지 않는다!

이 무한의 문제는 강한 핵력, 약한 핵력, 전자기력에 관한 이론들에서 등장하는 문제와 유사하다. 그러나 그 이론들에서는 재규격화에 의해서 무한들(infinities)이 제거되었다. 반면에 중력을 나타내는 파인만 도표에서 닫힌 고리들이 산출하는 무한들은 재규격화에 의해서 처리될 수 없다. 왜냐하면 일반상대성이론에는 재규격화할 수 있는 매개변수들이 모든 양자 무한들을 제거하기에 충분할 만큼 많지 않기 때문이다. 따라서 결국 남는 것은 시공의 곡률을 비롯한 특정 양들이 무한대라고 예측하는 중력이론이다. 그런 이론은 생명이 거주할 수 있는 우주를 기술하는 이론일 수가 없다. 그러므로 적절한 이론에 도달할 가능성이 있는 유일한 길은 재규격화에 의지하지 않고 어떤 식으로든 무한들을 모두 제거하는 것일 것이다.

1976년에 양자중력이론의 무한 문제의 해결책이 될 수 있는 가능성이 발견되었다. 그 해결책은 초중력(supergravity)이라고 불린다. 이 명칭에 접두어 "초(超, super)"가 붙은 것은 물리학자들이 판단하기에 이 이론이 매우 훌륭하고 양자중력이론으로서 유효했기 때문이 아니었다. 오히려 "초"는 그 이론이 지닌 일종의 대칭성(對稱性, symmetry), 이른바 초대칭성(超對稱性, supersymmetry)과 관련이 있다.

물리학에서 어떤 시스템이 대칭성을 가졌다는 말은, 공간 속에서의 회전이나 좌우반전 등의 특정한 변환을 해도 시스템의 속성들이 변하지 않는다는 뜻이다. 예컨대 당신이 도넛을 뒤집으면, 도넛의 모습은 뒤집기 전과 다르지 않다(위에 초콜릿이 묻어 있는 도넛이라면 이야기가 다른데, 그런 도넛은 그냥 먹어 버리는 편이 현명하다). 초대칭성은 평범한 공간에서의 변환과 관련지을 수 없는 더 미묘한 유형의 대칭성이다. 초대칭성의 중요한 함의들 중 하나는 힘 입자들과 물질 입자들, 따라서 힘과 물질이 사실은 동일한 무엇인가의 두 측면이라는 것이다. 실질적으로 이것은 쿼크와 같은 물질 입자 각각이 힘 입자 하나를 짝꿍으로 가지고 있고 광자와 같은 힘 입자 각각이 물질 입자 하나를 짝꿍으로 가지고 있어야 한다는 것을 의미한다. 그렇게 짝들이 맺어지면 무한의 문제가 해결될 가능성이 있다. 왜냐하면 힘 입자들의 닫힌 고리에서는 양의 무한들이 발생하고 물질 입자들의 닫힌 고리에서는 음의 무한들이 발생하므로, 전체 이론에서는 힘 입자들에서 발생하는 무한들과 물질 입자들에서 발생하는 무한들이 상쇄되는 경향이 있기 때문이다. 안타깝게도, 초중력이론(supergravity theory)에서 상쇄되지 않고 남아 있는 무한들이 존재하는지 여부를 알아내기 위해서 필요한 계산은 너무 길고 난해하고 오류를 범할 가능성이 높기 때문에, 그 계산에 기꺼이 착수하는 사람은 아직 아무도 없다. 그럼에도 대부분의 물리학자들은 중력을 다른 힘들과 통합하는 문제에 대한 정답은 초중력이론이 될 가능성이 높다고 믿었다.

초대칭성이 실제로 성립하는가를 확인하는 것은 그다지 어렵지 않다고 생각하는 독자도 있을 것이다. 존재하는 입자들을 두루 검사해서 그것들이 짝을 이루는지 보면 될 것이라고 생각하는 것 말이다. 그러나 초대칭성이 성립하기 위해서 필요한 짝꿍 입자들은 아직까지 관찰되지 않았다. 그러나 물리학자들이 수행한 다양한 계산들은 우리가 관찰하는 입자들의 짝꿍 입자들이 양성자보다 1,000배 이상 무거워야 함을 시사한다. 그렇게 질량이 큰 입자들이 현재까지의 실험들에서 관찰되지 않은 것은 당연한 일이다. 그러나 제네바의 대형 강입자 충돌기(大形 强粒子衝突器, Large Hadron Collider)에서 언젠가 그런 입자들이 만들어질 수 있을 것이다.

초대칭 개념은 초중력이론이 만들어지는 데에 결정적인 구실을 했지만, 그보다 몇 년 전에 이른바 끈이론(string theory)을 연구하는 과정에서 개발되었다. 끈이론에 따르면 입자는 점이 아니라 진동의 패턴이다. 그런데 그 패턴은 마치 무한히 가는 끈처럼 길이만 있고 굵기는 없다. 끈이론들 역시 무한들을 발생시킨다. 그러나 옳은 끈이론에서는 모든 무한들이 제거될 것이

빨대와 직선 빨대는 2차원이다. 그러나 빨대가 충분히 가늘다면―또는 충분히 멀리 떨어져서 빨대를 본다면―빨대는 직선처럼 1차원으로 보인다.

라고 사람들은 믿는다. 끈이론들은 또 다른 이상한 특징도 가지고 있다. 그 이론들은 시공이 4차원이 아니라 10차원일 때에만 일관적이다. 10차원 시공은 과학자들을 흥분시킬지는 몰라도, 만일 그런 시공에서 당신이 자동차를 주차한 장소를 잊어버린다면 고생을 제대로 하게 될 것이다. 그런데 시공에 10개의 차원들이 있다면, 우리가 4개의 차원들 외에 나머지 차원들을 감지하지 못하는 이유는 무엇일까? 끈이론에 따르면, 그 나머지 차원들은 아주 작은 공간 속에 돌돌 감겨 있다. 직관적인 이해를 위해서 2차원 평면을 상상해보자. 우리가 그 평면을 2차원이라고 말하는 이유는 그 평면에 있는 임의의 점을 지정하려면 두 개의 수(예컨대 수평좌표와 수직좌표)가 필요하기 때문이다. 또 다른 2차원 공간으로는 빨대의 표면이 있다. 그 공간에 있는 특정한 점을 지정하려면, 빨대를 수직으로 세웠을 때 그 점이 어느 높이에 있는지, 그리고 그 높이에서 빨대를 수평으로 자르면 생기는 원에서 그 점이 어디에 있는지를 밝혀야 한다. 그러나 빨대가 아주 가늘다면, 높이 방향으로의 좌표만으로도 점의 위치를 거의 정확히 알 수 있으므로 원형으로 감긴 또다른 차원은 무시해도 좋을 것이다. 그리고 만일 빨대의 지름이 100만 곱하기 100만의 다섯 제곱 분의 1인치라면, 당신은 그 원형 차원을 전혀 감지하지 못할 것이다. 끈이론가들은 시공의 네 차원들 이외의 나머지 차원들이 감지되지 않는 이유를 이와 유사하게 설명한다. 즉, 그 나머지 차원들은 아주 작게 감겨 있어서 우리에게 감지되지 않는다고 설명한다. 끈이론에서 그 나머지 차원들은 우리가 일상생활에서 경험하는 3차원 공간과 대비되는 이른바 내면 공간(internal space) 속에 감겨 있다. 곧 살펴보겠지만, 이 내면 공간은 숨은 차원들을 대충 쓸어 담은 미봉책이 아니라 중요한 물리적 의미를 지니고 있다.

차원의 문제 외에 또 하나의 문제가 끈이론을 괴롭혔다. 적어도 다섯 개의 서로 다른 끈이론들이 있고, 나머지 차원들이 감기는 방식들은 수백만 개가 있다. 이것은 끈이론이 유일무이한 만물의 이론이라고 주장한 사람들에게는 참으로 난처한 문제였다. 그러나 1994년을 전후하여 사람들은 이중성들 (dualities)을 발견하기 시작했다. 서로 다른 이론들과 나머지 차원들의 감기기 방식들이 동일한 4차원 현상을 기술하는 서로 다른 방식들에 불과한 것을 발견하기 시작한 것이다. 더 나아가서 초중력이론도 그런 식으로 다른 이론들과 관련된다는 것이 발견되었다. 오늘날 끈이론가들은 서로 다른 다섯 가지 끈이론들과 초중력이론이 더 근본적인 이론의 근사이론들이며 제각각 다른 상황에서 타당성이 있는 이론이라고 확신한다.

앞에서도 언급했지만, 다섯 가지 끈이론들과 초중력이론을 근사이론들로 거느렸다고 생각되는 더 근본적인 이론은 이른바 M이론이다. 이 명칭에서 "M"이 무엇을 뜻하는지 아는 사람은 아무도 없는 듯하다. 그러나 그 "M"은 "거장(master)", 또는 "기적(miracle)", 또는 "수수께끼(mystery)"를 뜻할 수 있으며 아마도 그 세 가지를 다 아우르는 듯하다. 사람들은 지금도 M이론의 정체를 이해하려고 노력하는 중이지만, 그런 이해는 어쩌면 불가능할지도 모른다. 물리학자들은 전통적으로 자연을 기술하는 단일한 이론을 기대해왔지만, 그것은 부적절한 기대이고 M이론의 단일한 정식화는 존재하지 않을 가능성이 있다. 우주를 기술하려면 다양한 상황들에 맞는 다양한 이론들을 동원해야 하는지도 모른다. 그 이론들은 실재의 버전(version of reality)을 자기 나름으로 제시할 수도 있다. 하지만 모형 의존적 실재론을 채택하면, 그 이론들이 서로 겹치는 영역에서—즉 그 이론들이 다 적용될 수 있는 영역에서—내놓는 예측들이 일치하기만 한다면, 그것들의 실재의 버전이 제각각 다르다는 것을 수용할 수 있다.

M이론이 단일한 정식화(formulation)로 존재하건 아니면 그 물망(network)으로 존재하건 간에, 우리는 M이론의 몇 가지 속

성을 알 수 있다. 첫째, M이론은 10차원이 아니라 11차원 시공을 이야기한다. 끈이론가들은 오래 전부터 시공에 차원이 10개가 있다는 예측을 수정해야 할 가능성을 제기해왔고, 최근의 연구는 실제로 차원 하나가 간과되었음을 보여주었다.

그리고 M이론은 진동하는 끈들과 더불어 점 입자들, 2차원 막들, 3차원 덩어리들, 그리고 시각화하기가 더 어렵고 더 많은 차원들을 (최대 9개까지) 차지하는 다른 대상들까지 수용할 수 있다. 이 모든 대상들을 p-브레인(p-branes : p는 0부터 9까지)이라고 부른다.

다른 한편, 미세한 차원들이 감기는 방식이 엄청나게 다양하다는 문제는 어떻게 해결될 수 있을까? M이론에서 그 나머지 공간 차원들은 아무 방식으로나 감길 수 없다. 그 이론의 수학은 내면 공간의 차원들이 감기는 방식을 제한한다. 내면 공간의 정확한 모양은 전자의 전하량을 비롯한 물리 상수들의 값과 기본입자들의 상호작용들의 본성을 결정한다. 바꿔 말해서, 그 모양은 가시적인 자연법칙들을 결정한다는 것이다. 여기에서 "가시적인(apparent)"이라는 형용사를 붙인 까닭은 우리가 우리의 우주에서 관찰하는 법칙들, 그러니까 네 가지 힘들에 관한 법칙들과 기본입자들의 질량과 전하량을 비롯한 매개변수들을 가리키기 위해서이다. 그러나 더 근본적인 법칙들은 M이론의 법칙들이다.

그러므로 M이론의 법칙들은 내면 공간이 어떻게 감기느냐 하는 데에 따라서 결정되는 다양한 가시적인 법칙들을 가진 다양한 우주들을 허용한다. M이론의 해(解)들이 허용하는 내면 공간은 다양하며 어쩌면 그 개수가 무려 10^{500}에 달한다. 이는 M이론이 제각각 고유의 법칙들을 가진 서로 다른 우주들을 10^{500}개나 허용한다는 뜻이다. 10^{500}이 얼마나 큰 수인지 감을 잡으려면 이렇게 생각해보자. 우주 하나를 단 1밀리초에 분석할 수 있는 어떤 존재가 빅뱅 시점에서부터 계속해서 우주들을 분석해왔다면, 지금까지 분석된 우주의 개수는 10^{20}개 정도가 될 것이다. 한 순간도 쉬지 않고 계속 분석해도 그 정도밖에 못한다.

수백 년 전에 뉴턴은 지상과 하늘의 물체들이 상호작용하는 방식을 수학 방정식을 통해서 놀랍도록 정확하게 기술할 수 있음을 보여주었다. 그리하여 과학자들은 적당한 이론과 충분한 계산 능력만 있으면, 우주 전체의 미래를 알아낼 수 있을 것이라고 믿게 되었다. 그후에 양자 세계의 불확정성, 휜 공간, 쿼크, 끈, 네 개의 차원 이외의 추가 차원들이 등장했고, 이것들에서 제각각 다른 법칙들을 지닌 우주 10^{500}개가 귀결되었다. 우리가 알고 있는 우주는 그 무수한 우주들 중의 하나에 불과하다. 원래 물리학자들의 희망은 우리 우주의 가시적인 자연법칙들이 몇 개 안 되는 단순한 전제들에서 도출할 수 있는 유일무이한 귀결이라고 설명하는 단일한 이론을 구성하는 것이었다.

이제 우리는 그 희망을 버려야 할지도 모르게 되었다. 그렇다면 우리와 이 우주를 어떻게 이해해야 할까? M이론이 가시적인 법칙들의 집합을 10^{500}개나 허용한다면, 어떤 연유로 우리는 이 우주에 존재하는 것일까? 가능한 다른 우주들은 다 무엇이란 말인가?

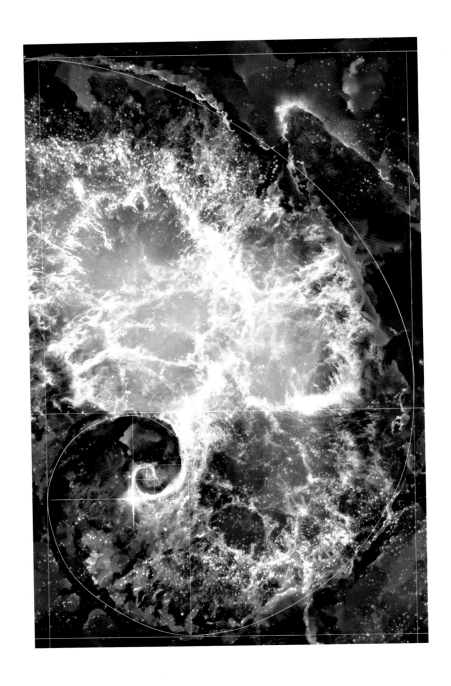

6

우리의 우주를 선택하기

중앙아프리카의 보숑고(Boshongo) 족에 따르면, 태초에는 어둠과 물과 위대한 신 붐바(Bumba)만이 있었다. 어느날 붐바는 복통을 앓으면서 태양을 토해냈다. 시간이 지나자 태양이 물의 일부를 말려 없앴고, 땅이 드러났다. 그러나 붐바는 여전히 배가 아팠고 몇 가지를 더 토해냈다. 그리하여 달과 별들이 등장하고 이어서 몇몇 동물들이 등장했다. 표범, 악어, 거북이, 그리고 마지막으로 인간이 나타났다. 멕시코와 중앙아메리카의 마야 족에게도 창조 이전에 관한 전설이 전해온다. 바다와 하늘과 조물주만 있었던 때의 전설이다. 그 전설에서 조물주는 그를 즐겁게 해줄 존재가 없어서 불행을 느끼면서 땅과 산과 나무와 거의 모든 동물을 창조했다. 그러나 동물들은 말을 할 수 없었으므로, 조물주는 인간을 창조하기로 결심했다. 그는 먼저 진흙과 흙으로 인간들을 만들었으나, 그 인간들은 허튼 소리만 했다. 조물주는 그 인간들을 없애버리고 다시 나무를 재료로 삼아 인간들을 만들었다. 그 인간들은 멍청했다. 조물주는 그들을 없애기로 결심했지만, 그들은 피해를 입고 약간 변형된 채로 숲속으로 달아나서 오늘날 우리가 원숭이라고 부르는 존재들이 되었다. 이 참담한 실패 후에 조물주는 마침내 유효한 공식을 발견했고 흰 옥수수와 노란 옥수수를 재료로 삼아 최초의 인간들을 만들었다. 오늘날 우리는 옥수수에서 에탄올을 만들지만, 에탄올을 마시는 사람들을 만드는 조물주의 솜씨에는 아직 미치지 못했다.

이런 창조 신화들은 모두 우리가 이 책에서 다루는 질문들에 대답하려고 노력한다. 우주는 왜 존재하며, 왜 현재와 같은 모습일까? 이런 질문들을 다루는 우리의 능력은 고대 그리스 이래로 여러 세기에 걸쳐서 꾸준히 향상되었다. 가장 근본적인 향상은 지난 세기에 이루어졌다. 앞의 장들에서 얻은 지식으로 무장한 우리는 이제 그 질문들에 대하여 그럴싸한 대답을 내놓을 준비가 되었다.

우주가 아주 최근에 창조되었거나 아니면 인간들이 존재한 기간보다 훨씬 더 오래되었다는 생각은 아마 일찍부터 당연시되었을 것이다. 인류가 우주와 같이 아주 오래 전부터 존재했다고 생각할 수는 없었을 것이다. 왜냐하면 인류의 지식과 기술이 급속도로 향상되어왔음을 생각할 때, 만일 인류가 수백만 년 전부터 존재했다면, 인류는 실제보다 훨씬 더 유능해졌어야 한다는 결론이 나오기 때문이다.

구약성서에 따르면, 신은 아담과 이브를 단 6일 만에 창조했다. 1625년부터 1656년까지 아일랜드 교회의 수장이었던 어셔 주교는 세계의 기원을 더욱 정확하게 기원전 4004년 10월 27일 오전 9시로 못 박았다. 그러나 우리의 견해는 다르다. 인류는 최근에 출현했지만, 우리는 우주가 훨씬 더 이른 시기인 약 137억 년 전에 존재하기 시작했다고 믿는다.

156

우주에 시작이 있다는 과학적인 증거는 1920년대에 처음으로 나왔다. 제3장에서 언급했듯이, 당시에 거의 모든 과학자들은 영원한 과거부터 존재해온 정적(靜的)인 우주를 믿었다. 그 믿음을 반박하는 증거는 간접적이었고 에드윈 허블이 캘리포니아 주 패서디나 인근 윌슨 산 천문대의 100인치 망원경으로 관찰한 결과들을 기초로 삼았다. 허블은 은하들이 발산하는 빛의 스펙트럼을 분석함으로써 거의 모든 은하들이 우리로부터 멀어져가는 중이며, 멀리 있는 은하일수록 더 빠르게 멀어져간다고 판단했다. 그는 1929년에 은하들이 우리로부터 떨어진 거리와 멀어져가는 속도 사이에 성립하는 법칙을 발표했고 우주가 팽창하는 중이라는 결론을 내렸다. 그 결론이 참이라면, 우주는 과거에 더 작았어야 했다. 실제로 까마득히 먼 과거에는 우주에 있는 모든 물질과 에너지가 아주 작은 구역에 모여 있었고 그 구역의 온도와 밀도는 상상할 수 없을 정도로 높았을 것이다. 더 나아가서 충분히 거슬러 올라간 과거에는 우주가 시작된 시점이 있었을 것이다. 오늘날 우리는 우주의 시작을 빅뱅이라고 부른다.

우주가 팽창한다는 생각을 제대로 이해하려면 약간의 주의가 필요하다. 그 생각은 우주가 마치 집을 개축하여 확장할 때처럼 커진다는 뜻이 아니다. 집은 벽을 허물고 늠름한 참나무가 서 있던 마당에 새로 욕실을 만드는 식으로 커지지만, 우주는 그런 식으로 팽창하지 않는다. 오히려 우주 공간 자체가 확장된다. 우주 안에 있는 임의의 두 점 사이의 거리가 커지는 것이다. 우주가 팽창한다는 생각은 1930년대에 많은 논란을 일으키며 등장했지만, 그 생각을 시각적으로 보여주는 최선의 방법 중 하나는 여전히 1931년에 케임브리지 대학교의 천문학자 아서 에딩턴이 제시한 비유이다. 에딩턴은 우주를 부푸는 풍선의 표면에, 모든 은하들을 그 표면에 찍힌 점들에 비유했다. 이 비유는 왜 먼 은하가 가까운 은하보다 더 빨리 멀어져가는지를 알기 쉽게 보여준다. 예를 들면 풍선의 반지름이 한 시간마다 두 배로 증가한다면, 그 풍선의 표면에 있는 임의의 두 은하 사이의 거리도 한 시간마다 두 배로 증가할 것이다. 만일 어느 시점에 두 은하 사이의 거리가 1인치라면, 한 시간 후에 그 거리는 2인치가 될 것이며, 따라서 두 은하가 서로 멀어져가는 속도는 시속 1인치라고 계산할 수 있을 것이다. 그러나 만일 두 은하 사이의 거리가 2인치라면, 한 시간 후에 그 거리는 4인치가 될 것이며, 따라서 두 은하가 서로 멀어져가는 속도는 시속 2인치로 계산될 것이다. 이 상황은 허블의 발견과 정확히 일치한다. 먼 은하일수록 우리로부터 더 빠르게 멀어져가는 중임을 그는 발견했다.

우주가 팽창하더라도 어떤 힘에 의해서 묶인 요소들로 이루어진 은하, 별, 사과, 원자 등의 대상들의 크기는 변하지 않는다는 것을 이해할 필요가 있다. 예컨대 우리가 풍선의 표면에 있는 어느 은하단 둘레에 동그라미를 그린다면, 그 동그라미는 풍선이 팽창해도 팽창하지 않을 것이다. 오히려 그 은하단을 이루는 은하들은 중력에 의해서 묶여 있기 때문에, 그 동그라미와 그 안의 은하들은 풍선이 커져도 원래의 크기와 배열을 유지할

풍선 우주 마치 우주 전체가 거대한 풍선의 표면에 있는 것처럼, 먼 은하들은 우리로부터 멀어져간다.

것이다. 이 사실은 중요하다. 왜냐하면 우주의 팽창을 탐지하는 것은 우리의 측정 도구들의 크기가 고정되어 있을 때에만 가능하기 때문이다. 만일 만물이 팽창한다면, 우리와 우리의 자, 우리의 실험실 등도 팽창할 터이므로 우리는 어떤 변화도 알아채지 못할 것이다.

우주가 팽창한다는 것은 아인슈타인에게 놀라운 소식이었다. 그러나 은하들이 서로 멀어져가고 있는 가능성은 허블의 논문들이 나오기 몇 년 전에 아인슈타인 자신의 방정식들에서 도출된 이론적인 근거를 발판으로 제기된 바 있었다. 러시아의 물리학자이자 수학자인 알렉산데르 프리드만은 1922년에 수학을 대폭 단순화하는 두 전제를 기초로 삼은 모형 우주에서 무슨 일이 일어나는지 연구했다. 그 전제들은 첫째 어느 방향을 보더라도, 둘째 어느 위치에서 보더라도 우주의 모습은 동일하다는 것이었다. 우리는 프리드만의 첫 번째 전제가 정확히 참은 아니라는 것을 안다. 다행히 우주는 완벽하게 균일한(uniform) 것은 아니다! 우리가 어느 방향을 보느냐에 따라서, 해가 보일 수도 있고 달이 보일 수도 있고 이동하는 흡혈박쥐 떼가 보일 수도 있다. 그러나 훨씬—은하들 사이의 거리보다—더 큰 규모에서 보면, 어느 방향을 보나 우주의 모습은 대체로 동일하다. 이 사정은 공중에서 숲을 내려다볼 때와 어느 정도 비슷하다. 당신이 충분히 가까이에서 본다면, 낱낱의 잎들을 식별하거나 적어도 개별 나무들과 그 나무들 사이의 간격들을 식별할 수 있다. 그러나 당신이 아주 높은 곳에 있어서 팔을 뻗어 엄지를 세웠을 때 가려지는 숲의 면적이 1제곱마일에 달한다면, 숲은 균일한 녹색으로 보일 것이다. 그 규모에서 숲은 균일하다고 우리는 말한다.

　프리드만은 자신의 두 전제에 기초해서 아인슈타인 방정식들의 해를 발견할 수 있었다. 그 해에서 우주는 곧 허블이 발견하게 될 방식으로 팽창했다. 구체적으로 말해서 프리드만의 모형 우주는 크기 0에서부터 팽창하는데, 중력 때문에 팽창 속도가 느려지고 결국 다시 수축한다(프리드만의 모형이 기초로 삼은 전제들을 만족시키는 아인슈타인 방정식들의 해가 두 개 더 있다. 하나는 팽창속도가 약간 느려지기는 하지만, 영원히 팽창하는 우주에 대응하는 해이고, 다른 하나는 팽창속도가 0에 수렴하지만 영원히 0이 되지는 않는 우주에 대응하는 해이다). 프리드만은 이 연구를 하고 몇 년 후에 사망했고, 그의 생각들은 허블의 발견이 있기까지 대체로 잊혀졌다. 그러나 1927년에 물리학 교수이며 로마 가톨릭 성직자인 조르주 르메트르가 비슷한 생각을 내놓았다. 만일 우주의 역사를 거슬러올라간다면, 우주는 점점 더 작아지고 결국 창조 사건을 만나게 될 것이라고 그는 생각했다. 오늘날 우리는 그 창조 사건을 빅뱅이라고 부른다.

빅뱅이 있었다는 생각을 모든 사람이 좋아했던 것은 아니다. 실제로 "빅뱅(big bang)"이라는 단어는 1949년에 케임브리지 대학교의 천체물리학자 프레드 호일이 정적인 우주를 믿으면서 빅뱅 이론을 조롱하기 위해서 만든 것이다. 빅뱅 이론을 뒷받침하는 최초의 직접 증거는 1965년에야 나왔다. 그 해에 발견된, 우주 전체에 퍼져 있는 희미한 마이크로파 배경복사가 그 증거였다. 이 마이크로파 우주배경복사(極超短波 宇宙背景輻射, cosmic microwave background radiation, CMBR)는 전자 레인지에서 작동하는 마이크로파와 똑같지만 훨씬 더 약하다. CMBR을 우리는 직접 관찰할 수도 있다. 텔레비전을 켠 뒤에 사용되지 않는 채널을 틀면 된다. 그러면 어지러운 점들이 보일 텐데, 그것들의 몇 퍼센트는 우주배경복사로 인한 것이다. 우주배경복사는 마이크로파 안테나에 항상 끼어드는 잡음을 제거하려고 애쓰던 벨 연구소의 과학자 두 명에 의해서 우연히 발견되었다. 처음에 그들은 그 잡음이 안테나에 둥지를 튼 비둘기들의 배설물 때문에 생긴다고 생각했지만, 알고 보니 그 잡음의 기원은 더 흥미로웠다. 마이크로파 우주배경복사는 빅뱅 직후의 아주 뜨겁고 조밀했던 우주가 남긴 복사이다. 그 시절의 복사가 우주 팽창 과정에서 식어 오늘날 우리가 관찰하는 희미한 마이크로파가 된 것이다. 현재의 마이크로파 우주배경복사가 당신의 음식을 데운다면, 절대영도보다 겨우 3도 높은 온도—섭씨 영하 270도—까지 데울 수 있을 것이다. 따라서 팝콘을 튀기는 데는 당연히 쓸모가 없다.

천문학자들은 뜨겁고 작은 초기 우주를 이야기하는 빅뱅 모형을 뒷받침하는 다른 증거들도 발견했다. 예를 들면 최초의 1분여 동안에 우주는 전형적인 별의 내부보다 더 뜨거웠을 것이다. 그 기간에는 우주 전체가 핵융합로의 구실을 했을 것이다. 그때의 핵융합 반응들은 우주가 충분히 팽창하고 식었을 때 중단되었지만, 그 반응들의 결과로 물질 성분이 주로 수소로 그리고 23퍼센트 정도의 헬륨과 미량의 리튬으로 우주가 만들어졌다고 그 이론은 예측한다(이들보다 더 무거운 모든 원소들은 더 나중에 별들의 내부에서 만들어졌다). 이 예측은 우리가 관찰하는 헬륨, 수소, 리튬의 양과 만족스럽게 일치한다.

우주의 물질 총량에서 헬륨이 차지하는 비율을 관찰한 결과와 마이크로파 우주배경복사는 매우 이른 초기의 우주에 관한 빅뱅 이론의 기술을 뒷받침하는 신뢰할 만한 증거들이다. 그러나 빅뱅 이론을 초기 우주에 관한 타당한 기술로 여길 수 있는 것은 사실이지만, 빅뱅을 곧이곧대로 받아들이는 것은 옳지 않다. 다시 말해 아인슈타인의 이론이 우주의 기원을 참되게 기술한다는 생각은 옳지 않다. 왜냐하면 일반상대성이론은 우주의 온도와 밀도와 곡률이 모두 무한대인 시점이 있었다고 예측하기 때문이다. 수학자들은 그런 점들을 특이점(特異點, singularity)이라고 부른다. 물리학자가 보기에 아인슈타인의 이론에 특이점이 있다는 것은 그 이론이 그것 때문에 무력해지는 것을 뜻한다. 따라서 그 이론은 우주가 어떻게 시작되었는지를 예측하는 데에는 쓸모가 없고 그후에 어떻게 진화했는지를 예측하는 데에만 쓸모가 있다. 요컨대 일반상대성이론의 방정식들과 우리의 천문 관찰 결과들을 통해서 아주 어린 우주에 관한 지식을 얻을 수 있는 것은 사실이지만, 우주의 시작까지 빅뱅 이론으로 기술하는 것은 옳지 않다.

우리는 곧 우주의 기원을 논하겠지만, 그전에 먼저 우주 팽창의 첫 단계에 대해서 몇 마디 할까 한다. 물리학자들은 그 단계를 인플레이션(inflation, 급팽창)이라고 부른다. 최근에 짐바브웨에서 무려 2억 퍼센트가 넘는 인플레이션이 발생했지만, 그런 극심한 인플레이션을 겪어보지 않은 독자들에게 인플레이션이라는 단어는 그다지 충격적이지 않을 것이다. 그러나 줄잡아 추정해도, 우주의 인플레이션 기간에 우주는 0.0000000000 00000000000000000000001(10^{-35})초 동안 1,000,000,000, 000,000,000,000,000,000,000(10^{30})배로 팽창되었다. 이것은 지름 1센티미터짜리 동전이 갑자기 우리 은하의 넓이보다 1,000만 배 커지는 것과 같다. 인플레이션은 아무것도 빛보다 빠르게 운동할 수 없다고 규정하는 상대성이론에 어긋나는 것처럼 보이지만, 실은 그렇지 않다. 왜냐하면 상대성이론의 속도 제한은 공간 자체의 팽창에는 적용되지 않기 때문이다.

인플레이션이 있었을지도 모른다는 생각은 1980년에 처음 제기되었다. 그 생각은 아인슈타인의 일반상대성이론을 넘어서 양자이론까지 고려한 숙고의 결과였다. 우리는 완전한 양자상대성이론을 가지고 있지 않으므로, 우주의 인플레이션에 관한 세부사항들은 여전히 연구 중이고, 물리학자들은 정확히 어떻게 인플레이션이 일어났는지 확실하게 알지 못하고 있다. 그러나 그 이론에 따르면, 인플레이션은 전통적인 빅뱅 이론의 예측과 달리 완벽하게 균일하게 일어나지 않았고, 그 불균일성으로 인해서 마이크로파 우주배경복사의 온도는 방향에 따라 미세한 변이를 나타낼 것이다. 그 변이는 너무 작아서 1960년대에는 관찰될 수 없었지만 1992년에 나사의 COBE 위성에 의해서 처음으로 발견되었고 2001년에 COBE 위성의 뒤를 이은 WMAP 위성에 의해서 세밀하게 측정되었다. 그 결과로 오늘날 우리는 우주의 인플레이션이 실제로 일어났다고 확신한다.

역설적이게도, 우주배경복사의 미세한 변이가 인플레이션의 증거인 것은 맞지만, 우주배경복사의 온도가 거의 완벽하게 균일하다는 점은 인플레이션이 중요한 개념이 되는 이유들 중의 하나이다. 물체의 한 부분을 주변보다 더 뜨겁게 달군 후에 방치하면, 뜨거운 부분은 식고 주변은 데워져서 결국 물체 전체의 온도가 균일해진다. 이와 유사하게 우주의 온도 분포도 언젠가에는 균일해질 것이라고 예상할 수 있다. 그러나 그 균일화 과정은 시간을 필요로 하고, 만일 인플레이션이 일어나지 않았다면, 또 열의 이동 속도가 광속보다 더 빠를 수 없다고 전제하면, 우주의 역사에서 서로 멀리 떨어진 구역들이 가진 열이 같아질 시간 여유가 없을 것이다. 그러나 아주 빠른 (광속보다 훨씬 더 빠른) 팽창의 기간이 있었다면, 이야기가 달라진다. 왜냐하면 인플레이션 이전의 극도로 작은 초기 우주에서 열 분포가 같아질 시간 여유가 있을 것이기 때문이다.

인플레이션 모형은 적어도 일반상대성이론에 입각한 전통적인 빅뱅 이론이 예측한 것보다 훨씬 더 극단적인 팽창이 인플레이션 기간에 일어났다고 기술한다는 의미에서 빅뱅의 돌연성을 설명한다. 문제는 우리가 가진 인플레이션 모형들이 타당하려면 우주의 초기 상태를 매우 특별하고 개연성이 낮은 방식으로 설정해야 한다는 점이다. 요컨대 전통적인 인플레이션 이론은 한편으로 문제들을 해결하지만, 다른 한편으로 매우 특별한 초기 상태를 요구함으로써 문제들을 일으킨다. 이제부터 우리가 기술할 우주의 창조에 관한 이론에서 초기 상태에 관한 문제는 배제될 것이다.

아인슈타인의 일반상대성이론을 써서 창조를 기술할 수는 없으므로, 우주의 기원을 기술하려면 일반상대성이론을 더 완전한 이론으로 대체해야 한다. 설령 일반상대성이론이 특이점에서 무력해지지 않는다고 하더라도, 더 완전한 이론이 필요할 것이라고 예상할 수 있다. 왜냐하면 일반상대성이론은 양자이론의 지배를 받는 작은 규모의 물질 구조를 고려하지 않기 때문이다. 우리는 제4장에서 양자이론은 미시 규모의 자연을 기술할 때 적용되므로 거의 모든 실질적인 면에서 우주의 거시 구조에 대한 연구와 대체로 무관하다고 말했다. 그러나 충분히 거슬러올라간 과거에 우주의 크기는 플랑크 길이(Planck size), 즉 10^{-33}센티미터 정도였다. 이 규모에서는 양자이론을 감안해야 한다. 따라서 비록 완전한 양자중력이론은 아직 없지만, 우리는 우주의 기원이 양자적인 사건이었음을 안다. 그러므로 우리가 인플레이션 기간보다 더 먼 과거로 거슬러올라가서 우주의 기원을 이해하려면, 인플레이션 이론을 도출할 때 양자이론과 상대성이론을 — 적어도 잠정적으로 — 조합했던 것과 마찬가지로 그 두 이론을 조합해야 한다.

그 조합이 어떻게 이루어지는지를 이해하려면, 중력이 공간과 시간을 휘어지게 한다는 원리를 이해할 필요가 있다. 공간의 휘어짐은 시간의 휘어짐보다 시각적으로 떠올리기가 수월하다. 우주가 평평한 당구대의 표면이라고 상상해보자. 그 표면은 평평한 공간이다. 적어도 두 개의 차원에서는 그렇다. 당신이 당구대 위에 공을 놓고 굴리면, 그 공은 직선으로 이동할 것이다. 그러나 만일 168페이지의 그림에서처럼 당구대가 휘어졌거나 곳곳에 패인 자리가 있다면, 당구공의 이동 경로는 휘어질 것이다.

그림이 보여주는 예에서 당구대가 어떻게 휘어졌는지 파악하기는 쉽다. 왜냐하면 이 경우에 당구대는 우리가 볼 수 있는 3차원 공간 속으로 휘어졌기 때문이다. 반면에 우리가 속한 시공을 벗어나서 그 시공이 휘어진 것을 보는 것은 불가능하므로, 우리 우주의 시공이 휘어진 것을 상상하기는 더 어렵다. 그러나 시공 바깥으로 나가서 시공을 바라보는 것은 불가능하더라도, 시공의 휘어짐을 파악하는 것은 가능하다. 시공의 휘어짐을 시공의 내부에서 파악할 수 있기 때문이다. 당구대의 표면에서만 사는 작은 개미를 상상해보자. 녀석은 그 표면을 벗어날 능력이 없더라도 꼼꼼한 거리 측정을 통해서 그 표면의 휘어짐을 파악할 수 있다. 예컨대 평평한 공간에서 원의 둘레는 지름의 3배보다 약간 더 길다(정확하게는 π배이다). 그러나 만일 개미가 위 그림의 당구대 중앙에 있는 구덩이를 둘러싼 원의 지름과 둘레를 측정한다면, 예상 외로 지름이 둘레의 1/3보다 크다는 결과가 나올 것이다. 심지어 구덩이가 충분히 깊다면, 원의 둘레가 지름보다 더 짧다는 결과까지 나올 수 있다. 우리 우주의 휘어짐도 마찬가지이다. 우주의 휘어짐은 공간상의 점들 사이의 거리를 늘리거나 줄이고, 우주 안에서 측정 가능한 방식으로 우주의 기하학 혹은 모양을 변화시킨다. 마찬가지로 시간의 휘어짐은 시간 간격들을 늘리거나 줄인다.

이와 같은 사실들을 명심하고 다시 우주의 시작을 논하자. 속도가 느리고 중력이 약한 상황들을 다룰 때 우리는 시간과 공간을 별개로 취급할 수 있다. 그러나 일반적으로 시간과 공간은 서로 얽힐 수 있다. 따라서 시간과 공간의 확대와 축소는 그

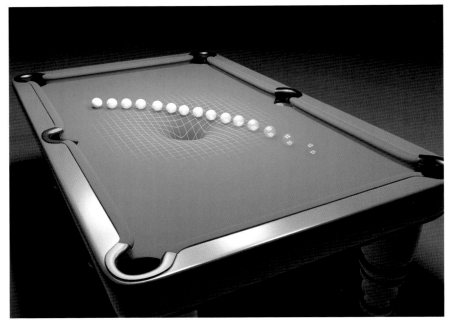

공간의 휘어짐 물질과 에너지는 공간을 휘어 물체들의 이동 경로를 변화시킨다.

둘의 뒤섞임을 어느 정도 동반한다. 이 뒤섞임은 초기 우주와
관련해서 중요하며 시간의 시작을 이해하는 데에 핵심적인 구
실을 한다.

시간의 시작은 세계의 경계와 비슷한 면이 있다. 세계가 평
평하다는 믿음이 팽배했던 시절, 어떤 사람들은 세계의 경계에
서 바닷물이 폭포처럼 쏟아질지 어떨지를 궁금하게 여겼을 것
이다. 이 의문은 실험을 통해서 해소되었다. 사람들은 세계의
경계에서 추락하지 않고 세계를 일주하는 데에 성공했다. 세계

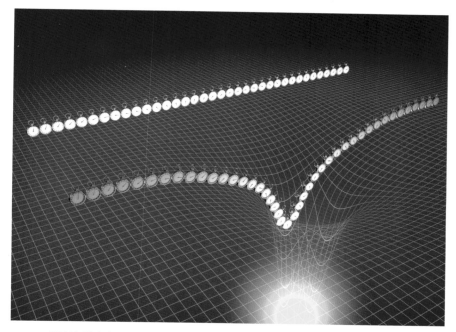

시공의 휘어짐 물질과 에너지는 시간을 휘어지게 하고 시간 차원이 공간 차원들과 "뒤섞이게" 만든다.

의 경계에서 무슨 일이 벌어질까라는 문제는 세계가 평평한 판이 아니라 휘어진 곡면임을 사람들이 깨달음으로써 해결되었다. 반면에 시간은 모형 철길과 유사한 듯했다. 만일 시간에 시작이 있다면, 열차를 출발시킨 누군가가 (즉, 신이) 있어야 한다고 사람들은 생각했다. 아인슈타인의 일반상대성이론이 시간과 공간을 뒤섞어 시공으로 통합했음에도 불구하고, 시간은 여전히 공간과 달랐고 시작과 끝을 가졌거나, 그렇지 않으면 영원히 계속되었다. 그러나 상대성이론에 양자이론의 효과들을 추가하면, 시공이 아주 심하게 휘어져서 시간이 또 하나의 공간 차원처럼 행동하게 되는 극단적인 경우들이 발생할 수 있다.

우주 역사의 초기에는—우주가 일반상대성이론의 지배는 물론 양자이론의 지배도 받을 정도로 작았을 때에는—사실상 공간 차원이 네 개였고 시간 차원은 없었다. 다시 말하면 아주 이른 시기의 우주에는 우리가 아는 시간이 존재하지 않았다. 그러므로 우주의 "시작"에 대한 이야기는 미묘할 수밖에 없다. 우리는 통상적인 공간과 시간의 개념을 아주 이른 시기의 우주에 적용할 수 없음을 인정해야 한다. 그런 우주는 우리의 경험을 벗어나지만, 우리의 상상력 혹은 수학은 벗어나지 않는다. 초기 우주에서 네 개의 차원들이 모두 공간 차원처럼 행동했다면, 시간의 시작은 어떠했을까?

시간이 공간 차원처럼 행동할 수 있다는 것은 우리가 세계의 경계에 관한 문제를 제거한 것과 유사한 방식으로 시간의 시작에 관한 문제를 제거할 수 있음을 의미한다. 시간은 지구 표면의 위도와 구실이 같고, 우주의 시작은 지구의 남극과 유사하다고 상상해보자. 남극에서부터 북쪽으로 이동하면, 위도가 같은 지점들을 이은 원, 즉 우주의 크기를 나타내는 원은 확대될 것이다. 우주의 시작은 남극점일 텐데, 남극점은 다른 점들과 본질적으로 다르지 않다. 우주의 시작 이전에 무슨 일이 있었느냐는 질문은 무의미해진다. 왜냐하면 남극보다 더 남쪽에는 아무것도 없기 때문이다. 이 비유에서 시공은 경계가 없다. 다른 장소들에서 성립하는 자연법칙들은 남극에서도 성립한다. 이와 유사한 방식으로, 일반상대성이론과 양자이론을 조합하면 우주의 시작 이전에 무슨 일이 있었느냐는 질문은 무의미해진다. 우주의 역사들이 경계가 없는 닫힌 곡면처럼 되어야 한다는 생각을 일컬어 무경계 조건(no-boundary condition)이라고 한다.

여러 세기 동안, 아리스토텔레스를 비롯한 많은 사람들은 우주의 시작에 관한 문제를 회피하기 위해서 우주가 영원한 과거부터 존재했다고 믿었다. 다른 사람들은 우주의 시작이 있었다고 믿었고 그 믿음에 근거하여 신의 존재를 증명했다. 그러나 시간이 공간처럼 행동한다는 깨달음에서 새로운 대안을 얻을 수 있다. 그 깨달음은 우주의 시작이 있다는 생각에 대한 해묵은 반발을 제거할 뿐만 아니라 우주의 시작이 과학법칙들에 의해서 지배되며 어떤 신의 손길도 필요로 하지 않음을 의미한다.

우주의 기원이 양자적인 사건이었다면, 그것은 파인만 역사합에 의해서 정확하게 기술되어야 한다. 그러나 우주 전체에 양자이론을 적용하는 것―이 경우에 관찰자는 관찰되는 시스템의 일부이다―은 까다로운 일이다. 제4장에서 우리는 이중 틈(슬릿)이 뚫린 차단벽을 향해서 발사된 물질 입자들이 물결과 마찬가지로 간섭 패턴을 형성할 수 있음을 보았다. 파인만은 입자 각각의 역사가 유일하지 않기 때문에 그런 패턴이 발생함을 보여주었다. 다시 말해 입자는 출발점 A에서부터 종착점 B까지 이동하면서 확정된 경로 하나를 거치는 것이 아니라 그 두 점을 잇는 모든 가능한 경로들을 동시에 거친다. 이런 관점을 채택하면, 간섭은 놀라운 현상이 아니다. 왜냐하면 입자가 두 틈을 동시에 통과하고 자기 자신과 겹쳐서 간섭이 일어날 수 있을 테니까 말이다. 입자의 운동에 적용된 파인만의 방법은 입자가 특정한 종착점에 도달할 확률을 계산하려면 입자가 출발점에서부터 그 종착점에 도달할 때까지 거칠 수 있는 모든 가능한 경로들(역사들)을 고려할 필요가 있다고 말해준다. 파인만의 방법들은 우주에 관한 관찰들이 실현될 양자적인 확률을 계산하는 데에도 쓸 수 있다. 더 나아가서 그 방법들을 우주 전체에 적용할 경우, 출발점은 존재하지 않으므로, 우리는 무경계 조건을 만족시키고 우리가 지금 관찰하는 우주를 종착점으로 지닌 모든 역사들을 합한다.

이와 같은 관점에서 보면, 우주는 자발적으로 모든 가능한 초기 조건들로 발생했다. 그 초기 조건들의 대부분은 다른 우주들에 해당한다. 그 우주들의 일부는 우리 우주와 유사하지만, 대부분은 전혀 다르다. 그 우주들은 엘비스가 요절했는지 혹은 순무가 사막의 식량인지 여부처럼 세부 사항들에서만 다른 것이 아니라 가시적인 자연법칙들에서도 다르다. 요컨대 제각각 다른 자연법칙들의 지배를 받는 다수의 우주들이 존재한다. 어떤 사람들은 이 생각을 대단히 신비롭게 포장하고 때로는 다중우주(multiverse)라는 개념까지 들먹이지만, 이 생각은 파인만 역사 합의 또 다른 표현일 뿐이다.

다수의 우주들이 자발적으로 발생하는 것을 직관적으로 이해하기 위해서 에딩턴의 풍선 비유를 약간 바꿔서 팽창하는 우주를 거품방울의 표면으로 생각해보자. 그러면 우주의 자발적인

다중우주 양자 요동에 의해서 무(無)에서 미세한 우주들이 창조된다. 그 우주들 중 소수는 임계 규모에 도달한 후에 급팽창하여 은하들과 별들을 탄생시킨다. 그리고 그런 우주들 가운데 최소한 하나는 우리와 같은 존재들을 탄생시킨다.

양자적 창조는 끓는 물에서 수증기 거품방울들이 형성되는 것과 비슷하다고 할 수 있다. 수많은 미세한 거품방울들은 발생했다가 이내 사라진다. 그것들은 팽창하지만 미시적인 규모를 벗어나지 못한 채로 다시 수축하는 소형 우주들을 의미한다. 그런 소형 우주들은 가능한 대안 우주들이지만 별다른 관심을 불러일으키지 못한다. 왜냐하면 그것들은 존속 기간이 짧아서 지적인 생명은 말할 것도 없고 은하와 별도 탄생시키지 못하기 때문이다. 그러나 미세한 거품방울들 중 소수는 충분히 크게 확대되어 재수축의 위험을 벗어날 것이다. 그것들은 점점 빠른 속도로 계속 팽창하여 우리 눈에 보이는 수증기 거품방울들이 될 것이다. 이 거품방울들은 점점 더 빠르게 팽창하기 시작하는 우주들, 곧 인플레이션 단계의 우주들에 대응한다.

이미 언급했듯이, 인플레이션에 의해서 야기된 팽창은 완벽하게 균일하게 일어나지 않는다. 역사들의 합을 따질 때, 완벽하게 균일하고 고른 팽창의 역사는 단 하나뿐이다. 물론 그 역사는 확률이 가장 높겠지만, 아주 약간 불규칙적인 팽창에 대응하는 다른 많은 역사들의 확률도 거의 마찬가지로 높을 것이다. 이 때문에 인플레이션 이론은 초기 우주가 약간의 불균일성(불규칙성, irregularity)을 가졌을 가능성이 높다고 예측한다. 그 불균일성은 마이크로파 우주배경복사에서 관찰된 작은 요동에 대응한다. 초기 우주의 불균일성은 우리에게 행운이다. 왜 그럴까? 우유에서 크림이 분리되지 않기를 바라는 목장주인은 균일성을 좋은 속성으로 여기겠지만, 균일한 우주는 따분한 우주이기도 하다. 초기 우주의 불균일성은 중요하다. 왜냐하면 일부 구역이 다른 구역들보다 밀도가 약간 더 높았다면, 우주가 팽창할 때 그 구역의 물질은 중력 때문에 주변의 물질에 비해 더 느리게 흩어졌을 것이기 때문이다. 중력은 그런 물질을 천천히 모으고, 결국 중력 붕괴가 일어나 물질이 뭉치면서 은하들과 별들이 형성되었을 것이다. 더 나아가서 행성들이 형성되었을 것이고, 적어도 한 우주에서는 인간들이 형성되었을 것이다.

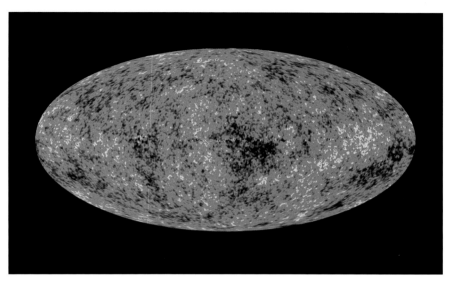

마이크로파 우주배경복사 WMAP 위성이 7년 동안 수집한 자료를 토대로 2010년에 작성한 하늘 지도이다. 색깔의 차이로 표현된, 우주배경복사의 온도 요동은 137억 년 전의 우주의 불균일성을 반영한다. 우주배경복사의 장소에 따른 온도 차이는 섭씨 온도 단위로 1,000분의 1도 이내이다. 그러나 그 차이는 은하들이 발생하는 계기가 되었다. 사진 출처 : NASA/WMAP Science Team.

위의 그림의 마이크로파 하늘 지도를 유심히 살펴보자. 그것은 우주에 있는 모든 구조의 청사진이다. 우리는 아주 어린 우주에 존재했던 양자 요동의 산물이다. 신을 믿는 사람이라면, 신은 주사위 놀이를 한다고 말할 수 있을 것이다.

이 생각은 전통적인 우주관과 근본적으로 다른 우주관으로 이어지며 우리가 우주의 역사를 생각하는 방식을 바꿀 것을 요구한다. 우주론에서 예측들을 내놓으려면, 지금 이 우주 전체가 다양한 상태들로 있을 확률을 계산해야 한다. 물리학에서 일반적인 연구 방법은 시스템의 초기 상태를 특정하게 전제하고 적절한 수학 방정식들을 이용하여 시스템의 미래를 예측하는 것이다. 한 시점에서의 시스템의 상태가 주어지면, 물리학자는 그 시스템이 미래의 특정 시점에 어떤 다른 상태로 있을 확률을 계산하려고 애쓴다. 통상적인 우주론은 우주가 단일하고 확정적인 역사를 지녔다고 전제한다. 우리는 그 역사가 과거에서 미래로 어떻게 진행되는지를 물리법칙들을 써서 계산할 수 있다. 이런 연구 방법을 일컬어 "순행적(順行的, bottom-up)" 접근법이라고 한다. 그러나 우리는 파인만 역사 합에 의해서 표현된, 우주의 양자적 본성을 감안해야 한다. 그러므로 우주가 현재 특정 상태로 있을 확률 진폭은 무경계 조건을 만족시키고 그 특정 상태를 종착점으로 가진 모든 역사들의 기여를 합함으로써 얻어진다. 바꿔 말해서, 우리는 우주의 역사를 과거에서부터 현재로 추적하지 말아야 한다. 왜냐하면 그런 순행적인 추적은 잘 정의된 출발점과 진화 과정을 가진 단일한 역사의 존재를 전제하기 때문이다. 오히려 우리는 역사들을 역행적으로(逆行的, top-down), 즉 현재에서부터 과거로 거슬러올라가면서 추적해야 한다. 일부 역사들은 다른 역사들보다 확률이 더 높을 것이며, 대개는 우주의 창조에서 출발하여 현재 상태에서 끝나는 어떤 단일한 역사가 역사들의 합에 지배적으로 기여할 것이다. 그러나 현재 우주의 다양한 가능 상태들에 대응하는 다양한 역사들도 있을 것이다. 그러므로 우리는 우주론과 인과관계에 대한 생각을 근본적으로 바꿔야 한다. 파인만 합에 기여하는 역사들은 독립적으로 존재하지 않고, 오히려 무엇이 측정되느냐에 의존해서 존재한다. 역사가 우리를 창조하는 것이 아니라, 우리가 관찰을 통해서 역사를 창조한다.

우주가 관찰자에 대해서 독립적이고 유일한 역사를 가지지 않았다는 생각은 우리가 아는 몇 가지 사실들과 상충되는 것처럼 보일 수도 있다. 예컨대 치즈로 이루어진 달이 등장하는 역사가 있을 수도 있다. 그러나 우리는, 생쥐들에게는 나쁜 소식이겠지만, 달이 치즈로 이루어지지 않았음을 관찰했다. 따라서 치즈로 이루어진 달이 등장하는 역사들은 우리 우주의 현재 상태에 기여하지 않는다. 다른 상태들에는 기여할 수 있겠지만 말이다. 이것은 과학소설에나 나올 법한 이야기로 들릴지 모르지만 절대로 그렇지 않다.

역행 접근법의 또 다른 함의는 가시적인 자연법칙들이 우주의 역사에 의존한다는 것이다. 많은 과학자들은 그 법칙들과 자연의 물리상수들—전자의 질량, 시공의 차원 수 등—을 설명하는 단일한 이론이 존재한다고 믿는다. 그러나 역행 우주론은 가시적인 자연법칙들이 역사들마다 다르다고 말한다.

우주의 가시적인 차원 수를 생각해보자. M이론에 따르면, 시공은 공간 차원 10개와 시간 차원 1개를 가졌다. 그런데 공간 차원 7개는 아주 작게 감겨 있기(curled up) 때문에, 우리는 그것들을 알아채지 못하고 우리에게 익숙한 세 개의 공간 차원만 있다고 착각하면서 산다. M이론이 미해결로 남겨둔 핵심 질문들 중 하나는 이것이다. 왜 우리의 우주에는 감기지 않은 공간 차원이 3개뿐이며, 도대체 왜 차원들은 감겨야 하는가?

많은 사람들은 3개의 공간 차원을 제외한 나머지 공간 차원들이 어떤 메커니즘에 의해서 자발적으로 감긴다고 믿고 싶을 것이다. 혹은 반대로, 처음에는 모든 차원들이 감겨 있었는데 이해할 수 있는 이유로 3개의 공간 차원은 펼쳐지고 나머지는 그렇지 않았다고 추측하는 사람들도 있을 것이다. 그러나 우주의 가시적인 차원이 4개(시간 차원 포함)인 역학적인 이유는 없는 듯하다. 오히려 역행 우주론은 가시적인 공간 차원의 개수는 어떤 물리학의 원리로도 확정되지 않는다고 예측한다. 가시적인 공간 차원의 가능한 개수는 0개부터 10개까지이며, 그 개수들 각각에 대한 양자적 확률 진폭이 있을 것이다. 파인만 합은 그 모든 개수들, 우주의 모든 가능한 역사들을 감안한다. 그러나 우리의 우주가 가시적인 공간 차원을 3개 가졌다는 관찰은 우리에게 모든 역사들 중에서 그 관찰된 속성을 가진 역사들만을 선택하게 한다. 바꿔 말해서, 우주가 가시적인 공간차원을 3개보다 많거나 적게 지닐 양자적인 확률은 우리에게 무의미해진다. 왜냐하면 우리는 이미 우리가 가시적인 공간 차원이 3개인 우주 안에 있다고 판단했기 때문이다. 그러므로 가시적인 공간 차원이 3개일 확률 진폭이 정확히 0이 아니기만 하다면, 그 확률 진폭이 다른 차원 개수들에 대한 확률 진폭에 비해서 아무리 작더라도 문제가 되지 않는다. 비슷한 예로 현재의 교황이 중국인일 확률 진폭을 생각해보자. 현재 세계 인구에서 중국인은 독일인보다 훨씬 더 많으므로, 현재의 교황이 중국인일 확률은 독일인일 확률보다 훨씬 더 높다. 그러나 우리는 현재의 교황이 독일인이라는 것을 안다. 이와 유사하게 우리는 우리의 우주가 가시적인 공간 차원을 3개 지녔다는 것을 안다. 따라서 설령 가시적인 공간 차원의 개수가 3개가 아닐 확률이 더 높다고 하더라도, 우리는 그 개수가 3인 역사들에만 관심을 기울인다.

다른 한편, 감긴 차원들에 대해서는 무슨 말을 할 수 있을까? M이론에서 감긴 차원들의 정확한 모양, 곧 내면 공간의 정확한 모양은 물리적인 양들 — 예컨대 전자의 전하량 — 의 값도 결정하고 기본입자들 사이의 상호작용들의 본질, 즉 힘들의 본질도 결정하는 것을 상기하자. 만약 M이론이 감긴 차원들의 모양을 하나만 허용한다면, 또는 몇 개를 허용하는데 우리가 그중에서 하나를 제외한 나머지를 어떤 식으로든 배제할 수 있다면, 상황은 깔끔하게 정리될 것이다. 그러나 M이론이 허용하는 서로 다른 내면 공간들은 어쩌면 무려 10^{500}개에 이른다. 그것들은 제각각 다른 법칙들과 다른 물리상수의 값들에 대응한다.

만일 우리가 우주의 역사를 순행적으로 구성한다면, 우주의 역사가 우리가 실제로 관찰하는 입자 상호작용들 — (기본입자의 상호작용에 관한) 표준모형 — 에 대응하는 내면 공간으로 귀착할 이유는 없다. 그러나 역행적 접근법에서 우리는 모든 가능한 내면 공간을 지닌 우주들이 존재한다고 인정한다. 일부 우주들에서 전자는 골프 공만큼 무겁고 중력은 자기력보다 강하다. 우리 우주에서는 표준모형과 거기에 등장하는 모든 매개변수 값들이 타당하다. 우리는 표준모형에 대응하는 내면 공간의 확률 진폭을 무경계 조건을 기초로 삼아서 계산할 수 있다. 가시적인 공간 차원이 3개인 우주가 존재할 확률을 논할 때와 마찬가지로, 그 확률 진폭이 다른 가능성들에 비해 아무리 작더라도 문제가 되지 않는다. 왜냐하면 우리는 이미 표준모형이 우리 우주에 타당함을 관찰했기 때문이다.

이 장에서 우리가 기술하는 이론은 검증 가능하다. 앞의 예들에서 우리는 극단적으로 다른 우주들 ─ 예컨대 가시적인 공간 차원의 개수가 서로 다른 우주들 ─ 사이의 확률 진폭 차이는 무의미함을 강조했다. 그러나 인접한 (즉, 유사한) 우주들 사이의 확률 진폭의 차이는 중요하다. 무경계 조건은 완벽하게 평탄한 시작을 가진 우주 역사들의 확률 진폭이 가장 높다는 것을 함축한다. 불규칙성이 큰 우주들일수록, 확률 진폭이 줄어든다. 이는 초기 우주가 거의 평탄했지만 약간의 불규칙성을 동반했음을 의미한다. 이미 언급했듯이, 우리는 그 불규칙성을 우주 배경복사의 작은 요동의 형태로 관찰한다. 그 요동은 인플레이션 이론의 일반적인 요구들에 정확히 부합하는 것으로 밝혀졌다. 그러나 역행 이론을 다른 이론들과 완전히 구별하여 입증하거나 반박하려면 더 정확한 측정이 필요하다. 그런 측정은 미래의 위성들에 의해서 이루어질 것이다.

수백 년 전에 사람들은 지구가 유일하다고 생각했고 지구를 우주의 중심으로 여겼다. 오늘날 우리는 우주에 수천억 개의 은하가 있고, 우리 은하에 수천억 개의 별이 있으며 그중 상당수가 행성을 거느렸음을 안다. 이 장에서 기술한 결론들은 우리 우주 자체도 많은 우주들 중의 하나라는 것을, 우리 우주의 가시적인 법칙들이 유일하지 않다는 것을 시사한다. 언젠가 궁극의 이론, 즉 만물의 이론을 개발하여 우리에게 익숙한 물리법칙들을 예측할 수 있기를 바라는 사람들은 이런 이야기에 틀림없이 실망할 것이다. 우리는 가시적인 공간 차원의 개수, 또는 우리가 관찰하는 물리량들(예컨대 전자를 비롯한 기본입자들의 질량과 전하량)을 결정하는 내면 공간 등의 두드러진 특징들도 예측할 수 없다. 오히려 우리는 관찰을 통해서 알게 된 차원의 개수나 물리량들의 값을 이용해서 파인만 합에 포함시킬 수 있는 역사들을 선택한다.

우리는 과학사의 전환점에 도달한 듯하다. 물리이론의 목표와 조건에 대한 우리의 생각을 바꾸어야 할 때가 된 성싶다는 말이다. 가시적인 자연법칙들에 등장하는 근본적인 수들의, 그리고 심지어 자연법칙들의 형태는 물리학의 원리나 논리에 의해서 결정되지 않는 것 같다. 자연법칙에 등장하는 매개변수들은 다양한 값들을 가질 수 있고, 자연법칙들은 수학적인 일관성만 유지된다면, 어떤 형태라도 취할 수 있다. 그리고 그것들은 다양한 우주들에서 다양한 값들과 형태들을 자유롭게 취한다. 특별한 존재이기를 원하고 모든 물리법칙들을 담은 깔끔한 꾸러미를 발견하기를 원하는 인간에게는 불만스러울지 모르지만, 이것이 자연의 실상인 것 같다.

가능한 우주들로 이루어진 광활한 풍경이 존재하는 것 같다. 다음 장에서 보겠지만, 우리와 유사한 생명이 존재할 수 있는 우주는 드물다. 우리는 생명이 존재할 수 있는 우주에서 산다. 그러나 이 우주가 조금이라도 달랐다면, 우리와 같은 존재들은 있을 수 없었을 것이다. 우리는 이 우주가 이토록 정밀하게 조정되어 있다는 사실을 어떻게 이해해야 할까? 그 사실은 결국 자비로운 창조자가 우주를 설계했다는 증거일까? 혹시 과학에서 또 다른 설명을 얻을 수 있을까?

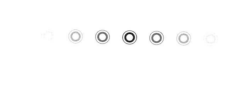

7

가시적인 기적

중국의 전설에 따르면, 하 왕조(夏王朝 : 기원전 2205?-1782?)의 한 시기에 천지가 갑자기 혼란에 빠졌다. 하늘에 10개의 해가 떴고, 지상의 사람들은 무더위에 시달렸다. 그리하여 황제는 한 명궁에게 지시하여 하나를 제외한 나머지 해들을 화살을 쏘아 떨어뜨리게 했다. 그 명궁은 상으로 불멸의 환약을 받았는데, 그의 아내가 그 환약을 훔쳤다. 이 범죄로 말미암아 그녀는 달로 추방되었다.

태양이 10개가 있는 태양계는 인간에게 우호적이지 않다고 생각했다는 점에서 중국인들은 옳았다. 오늘날 우리는 복수의 태양을 지닌 태양계 ― 선탠을 하기에는 좋을지 몰라도 ― 는 생명의 발생을 아예 허용하지 않을 가능성이 높다는 것을 안다. 그 이유는 중국인들이 상상한 지독한 더위보다 더 복잡하다. 실제로 복수의 별들 주위를 도는 행성도 적어도 한동안은 쾌적한 온도를 유지할 수 있다. 그러나 그런 행성이 장기간에 걸쳐 일정하게 열을 받을 가능성은 낮다. 장기적인 일정한 가열은 생명을 위한 필수조건인 듯한데도 말이다. 구체적으로 복수의 별을 포함한 가장 단순한 시스템, 즉 태양이 두 개 있는 쌍성계를 살펴보자. 하늘에 있는 모든 별의 절반 정도는 쌍성계에 속해 있다. 그러나 단순한 쌍성계도 아래 그림에 있는 것과 같은 몇 가

쌍성계에서의 행성의 궤도 쌍성계에 속한 행성의 기후는 어떤 때는 너무 뜨겁고 어떤 때는 너무 차서 생명이 살기에 부적합할 가능성이 높다.

지 유형의 안정 궤도만을 허용한다. 그리고 그 궤도들을 따라 움직이는 행성은 생명이 유지되기에는 너무 뜨겁거나 너무 차가운 시기를 보낼 가능성이 높다. 많은 별들이 포함된 성단에서는 행성의 처지가 더욱 열악하다.

우리의 태양계는 다른 "다행스러운" 속성들도 지녔다. 그것들이 없었다면, 발전된 생명 형태들은 절대로 진화하지 못했을 것이다. 예컨대 뉴턴의 법칙들은 행성의 궤도가 원이나 타원이 되도록 만든다(타원은 찌그러진 원이다). 타원이 얼마나 찌그러

이심률 타원이 원과 얼마나 비슷한지 알려주는 수치. 원 궤도는 생명에게 우호적인 반면, 심하게 찌그러진 타원 궤도를 움직이는 행성에서는 계절에 따라 온도 변화가 크다.

졌는지를 나타내는 수치를 이심률(離心率, eccentricity)이라고 하는데, 이심률은 최소 0에서 최대 1까지 가능하다. 이심률이 0에 가깝다는 것은 타원이 원과 유사하다는 뜻이고, 이심률이 1에 가깝다는 것은 타원이 심하게 찌그러졌다는 뜻이다. 케플러는 행성들이 완벽한 원 궤도를 따라 움직이지 않는다는 사실에 당황했다. 그러나 지구의 궤도는 이심률이 약 2퍼센트에 불과하다. 다시 말해 지구의 궤도는 거의 원이다. 이 사실은 알고 보면 대단한 행운이다.

지구에서 계절에 따른 기후 변화 패턴은 주로 지구의 자전축이 공전 궤도 평면에 대해서 어떻게 기울어져 있는가에 의해서 결정된다. 예컨대 북반구가 겨울일 때, 북극은 태양에서 멀어져 가는 방향으로 기울어져 있다. 바로 그때에 지구가 태양에 가장 접근한다는 사실—7월 초에 태양과 지구 사이의 거리는 1억 5,200만 킬로미터인 반면, 북반구의 한겨울에 그 거리는 1억 4,700만 킬로미터에 불과하다—이 지구의 온도에 미치는 영향은 자전축의 기울기가 미치는 영향에 비해서 미미하다.

　그러나 이심률이 큰 타원 궤도를 가진 행성에서는 행성과 태양 사이의 거리의 변화로 인한 효과가 훨씬 더 크다. 예를 들면 궤도의 이심률이 20퍼센트인 수성의 경우, 수성과 태양 사이의 거리가 가장 짧을 때(근일점에서)의 온도가 가장 멀 때(원일점에서)의 온도보다 화씨온도로 200도가 넘게 높다. 만일 지구 궤도의 이심률이 1에 가깝다면, 지구와 태양 사이의 거리가 가장 짧을 때에는 바닷물이 끓고 가장 멀 때에는 얼어붙어서 여름 휴가도 겨울 휴가도 그다지 즐겁지 않을 것이다. 요컨대 궤도의 이심률이 큰 행성은 생명에게 우호적이지 않다. 그러므로 우리가 궤도의 이심률이 거의 0인 행성에 사는 것은 행운이다.

　우리 태양의 질량과 우리가 태양에서 떨어진 거리 사이의 관계도 우리에게 행운이다. 왜냐하면 별의 질량은 별이 내뿜는 에너지의 양을 결정하기 때문이다. 가장 큰 별들은 질량이 우리 태양의 100배 정도이고 가장 작은 별들은 100분의 1배 정도이다. 만약 지구와 태양 사이의 거리는 지금과 동일하고 태양의

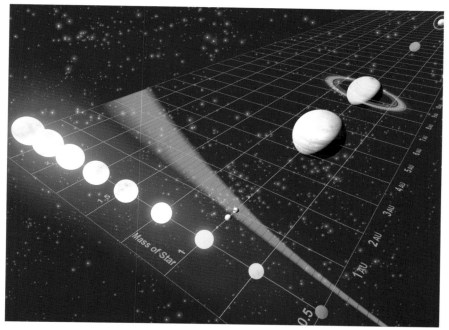

골디락스 구역 동화 속의 소녀 골디락스가 행성들을 고른다면, 그녀는 위의 녹색 구역 안에 있는 행성들만이 생명이 거주하기에 적당하다고 판단할 것이다. 노란 별은 우리의 태양을 나타낸다. 흰색이 섞인 별들은 우리의 태양보다 더 크고 뜨거운 반면, 빨간색이 섞인 별들은 더 작고 차다. 어미 별과 녹색 구역 사이에 위치한 행성들은 생명이 거주하기에 너무 뜨거울 것이며, 녹색 구역보다 더 멀리 있는 행성들은 너무 찰 것이다. 찬 별일수록 거기에 딸린 거주 가능 구역의 폭이 좁다.

질량은 지금보다 20퍼센트 많거나 적다면, 지구는 현재의 화성보다 더 차거나 현재의 금성보다 더 뜨거울 것이다.

과학자들이 전통적으로 정의해온 거주 가능 구역이란 별 주위의 공간 중에서 온도가 적당해서 물이 액체 상태로 존재할 수 있는 좁은 구역이다. 거주 가능 구역은 때때로 "골디락스 구역(Goldilocks zone)"이라고도 불린다. 왜냐하면 그 구역은 영국 전래동화에 나오는 소녀 골디락스가 좋아한 수프와 마찬가지로 온도가 너무 뜨겁거나 차거나 하지 않고 "딱 적당하기" 때문이다. 지적인 생명이 발생하려면 그런 적당한 온도가 필요하다. 우리 태양계의 거주 가능 구역은 앞 페이지의 그림에서 보듯이 아주 좁다. 지구가 그 좁은 구역 안에 있다는 것은 지적인 생물인 우리에게 참 행운이다!

뉴턴은 신기하게도 생명이 거주할 수 있는 우리의 태양계가 "카오스(혼돈) 상태에서 단순히 자연법칙들에 의해서 발생하지" 않았다고 믿었다. 오히려 그는 우주에서의 질서가 "애당초 신에 의해서 창조되었고 신에 의해서 오늘날까지 원래의 상태와 조건을 유지하고 있다"고 주장했다. 사람들이 왜 이런 생각을 하게 되는지를 이해하기는 어렵지 않다. 우리가 존재한다는 것, 그리고 우리의 세계가 인간에게 우호적인 것이 되도록 설계되었다는 것은 발생 확률이 낮은 많은 일들이 중첩된 결과이다. 만일 우리의 태양계가 우주에 있는 유일한 태양계라면, 그런 일들의 중첩은 정말로 종잡을 수 없는 수수께끼가 될 것이다. 그러나 1992년에 태양이 아닌 별에 딸린 행성이 처음으로 확실하게 관찰되었다. 오늘날 우리는 그런 외계행성을 수백 개나 알고 있으며, 우리 우주에 있는 무수한 별들의 사이에 수많은 외계행성들이 존재한다는 것을 의심하는 사람은 거의 없다. 그토록 많은 행성들의 존재는 지구가 갖춘 특별한 조건들—하나의 태양, 지구와 태양 사이의 거리와 태양의 질량 사이에 성립하는 행운의 관계 등—을 훨씬 덜 대단하게 만들고, 그 조건들이 단지 우리 인간을 만족시키기 위해서 세심하게 설계되었다는 주장을 훨씬 덜 설득력 있게 만든다. 온갖 행성들이 존재하며, 일부 행성들—혹은 적어도 한 행성—은 생명의 존재를 허용한다. 그리고 생명의 존재를 허용하는 행성에 사는 존재들이 자신들의 주위의 세계를 조사한다면, 그들은 자신들의 환경이 자신들이 존재하기 위해서 필요한 조건들을 갖추었음을 발견할 수밖에 없다.

위의 마지막 문장을 다음과 같은 과학적인 원리의 내용으로 바꿀 수 있다. 우리가 언제 어디에서 우주를 관찰할 수 있는지를 결정하는 규칙들은 우리의 존재 자체에 의해서 부과된다. 다시 말하면 우리가 존재한다는 사실이 우리를 둘러싼 환경의 특징들을 제한한다. 이 원리를 일컬어 약한 인본원리(weak anthropic principle)라고 한다("약한"이라는 형용사가 붙은 이유는 곧 설명할 것이다). 사실 "인본원리(人本原理)"보다 더 나은 명칭은 "선택원리(選擇原理, selection principle)"일 것이다. 왜냐하면 이 원리야말로, 우리의 존재를 우리 자신이 안다는 사실 자체가 부과한 규칙들이 모든 가능한 환경들 중에서 오직 생명을 허용하는 특징들을 가진 환경들만을 선택한다는 것을 뜻하기 때문이다.

알쏭달쏭한 철학처럼 들릴 수도 있겠지만, 약한 인본원리를 토대로 삼아 과학적 예측들을 내놓을 수 있다. 예컨대, 우주는 얼마나 오래되었을까? 곧 설명하겠지만, 우리가 존재하려면,

별들의 내부에서 가벼운 원소들이 융합하여 생긴 탄소 등의 원소들이 우주에 있어야 한다. 구체적으로 말하면, 예컨대 탄소가 별의 내부에서 만들어져 초신성 폭발(supernova explosion)이 일어날 때 허공으로 흩뿌려져야 하고 결국 다음 세대의 태양계에서 행성의 일부가 되어야 한다. 1961년에 물리학자 로버트 디키는 이 과정 전체에 약 100억 년이 소요되고, 따라서 우리가 존재한다는 것은 우주의 나이가 최소 100억 년임을 뜻한다고 주장했다. 다른 한편, 우주의 나이는 100억 년보다 훨씬 더 많을 수 없다는 것이다. 왜냐하면 과거가 아주 길었다면 별들은 이미 연료를 소진했을 텐데, 실제로는 우리의 존재에 필수적인 뜨거운 별들이 있기 때문이다. 그러므로 우주의 나이는 약 100억 년일 수밖에 없다. 이 예측은 아주 정확하지는 않지만 참이다. 현재의 데이터에 따르면, 빅뱅은 약 137억 년 전에 일어났다.

우주의 나이에 관한 예측에서처럼, 인본원리에 기초한 예측들은 대개 물리적인 매개변수의 값을 정확히 지정하는 대신에 그 범위를 제시한다. 왜냐하면 우리가 존재한다는 전제로부터 특정한 물리적 매개변수의 값이 얼마가 되어야 한다는 결론까지는 도출되지 않더라도, 흔히 그 값이 우리가 실제로 발견한 값과 너무 심하게 다르지 않아야 한다는 결론은 도출되기 때문이다. 더 나아가서 우리는 우리 세계의 실제 조건들이 인본원리가 허용하는 범위 내에 속하는 평범한 조건들이라고 예상한다. 예컨대 만일 궤도의 이심률이 0에서 0.5 사이인 행성들만 생명을 허용하는데, 우리가 궤도의 이심률이 0.1인 행성에 산다면,

그것은 놀라운 일이 아니다. 왜냐하면 우주에 있는 모든 행성들 중에는 궤도의 이심률이 그 정도로 작은 행성들이 아마 꽤 많을 것이기 때문이다. 그러나 만일 지구의 궤도가 거의 완벽한 원이기 때문에 그 이심률이 예컨대 0.00000000001이라면, 지구는 정말로 특별한 행성일 것이고, 왜 우리가 그런 이례적인 행성에 사는지 설명할 필요성이 제기될 것이다. 우리는 우리의 세계가 평범하다고 예상한다. 이 원리를 일컬어 평범의 원리(principle of mediocrity)라고 한다.

지구 궤도의 모양, 태양의 질량 따위의 인본적인 행운들을 일컬어 환경적인 행운이라고 한다. 왜냐하면 그것들은 우리의 주변세계에서 유래한 것들이지, 근본적인 자연법칙들에서 유래한 것들이 아니기 때문이다. 우주의 현재 나이도 환경적인 행운이다. 왜냐하면 우주의 역사에는 현재보다 더 이른 시기도 있었고 더 늦은 시기도 있을 테지만, 현재가 생명에게 우호적인 유일한 시기이므로 우리는 이 시기에 살 수밖에 없기 때문이다. 환경적인 행운들은 이해하기 쉽다. 왜냐하면 우리의 거처는 우주에 존재하는 많은 거처들 중의 하나일 뿐이고, 우리는 당연히 생명을 허용하는 거처에 존재할 수밖에 없기 때문이다.

약한 인본원리는 그리 큰 논쟁거리가 아니다. 그러나 더 강한 형태의 인본원리가 있고, 우리는 이제부터 그 강한 인본원리(strong anthropic principle)를 옹호하려고 한다. 비록 일부 물리학자들은 그 원리를 경멸하지만 말이다. 강한 인본원리는, 우리가 존재한다는 사실이 우리의 **환경**뿐만 아니라 가능한 **자연법**

칙들의 형태와 내용까지도 제한한다고 주장한다. 이 원리는 우리의 태양계가 지닌 특징들뿐만 아니라 우리의 우주 전체가 지닌 특징들도 인간의 발생에 우호적인 것처럼 보인다는 사실이 원인이 되어 제기되었다. 이 사실은 설명하기가 훨씬 더 어렵다.

수소와 헬륨과 미량의 리튬으로 이루어진 원시 우주가 지적인 생명이 사는 세계를 적어도 하나는 가진 우주로 진화한 과정은 여러 단계를 거쳐 진행되었다. 이미 언급했듯이, 우리가 존재하려면 자연의 힘들은 태초의 원소들로부터 더 무거운 원소들—특히 탄소—이 생산될 수 있도록 적당히 조정되어야 했고 적어도 수십억 년 동안 그 상태를 유지해야 했다. 그리고 그 무거운 원소들은 우리가 별이라고 부르는 용광로 속에서 만들어졌으므로, 자연의 힘들은 우선 별과 은하의 형성을 허용해야 했다. 별들과 은하들은 초기 우주에 있었던 미세한 불균일성이 성장한 결과이다. 초기 우주는 거의 완벽하게 균일한 (uniform) 상태였지만, 고맙게도 약 10만 분의 1 규모의 밀도 차이를 포함하고 있었던 것이다. 하지만 별들이 존재하고 그것들의 내부에 우리를 만든 재료가 된 원소들이 존재하는 것만으로는 부족했다. 별들을 지배하는 동역학이 적당히 조정되어, 일부 별들이 결국 폭발하면서 무거운 원소들을 허공으로 흩뿌릴 수 있어야 했다. 게다가 자연법칙들은 그 잔해들이 다시 뭉쳐서 새로운 별과 그 별에 딸린 행성들을 형성하는 것을 허용해야 했다. 우리의 생명을 허용하기 위해서 초기 지구에서 특정한 사건들(events)이 일어나야 했던 것과 마찬가지로, 지금까지 언급

196

한 초기 우주에서의 사건들도 우리의 존재를 위해서 필수적이었다. 그러나 이 사건들은 자연의 근본적인 힘들의 균형에 의해서 지배되었다. 우리의 존재를 위해서 딱 적당한 상호작용을 해야 했던 것들은 바로 그 힘들이다.

우리의 존재에까지 이르는 우주의 진화 과정에 상당한 행운이 관여했을 수 있음을 처음으로 깨달은 사람들 중 하나는 1950년대의 프레드 호일이었다. 그는 모든 화학 원소들이 수소로부터 형성되었다고 믿었고, 수소는 진정한 원초적 물질이라고 여겼다. 수소 원자핵은 가장 단순해서 양성자 하나만으로 이루어졌거나 양성자 하나와 중성자 하나 또는 둘로 이루어졌다 (원자핵에 들어 있는 양성자의 개수는 같고 중성자의 개수는 다른 원소들을 동위원소〔isotope〕라고 한다). 오늘날 우리는 원자핵에 양성자가 두 개 또는 세 개 있는 헬륨이나 리튬도 우주의 나이가 약 200초였을 때에, 비록 훨씬 더 적은 양이나마, 원초적으로 합성되었음을 알게 되었다. 다른 한편, 생명은 더 복잡한 원소들에 의존한다. 그 원소들 가운데 가장 중요한 것은 유기화학의 토대가 되는 탄소이다.

다른 원소들 — 예컨대 규소 — 로 이루어진 지적인 컴퓨터 따위의 "살아 있는" 유기체를 상상할 수 없는 것은 아니지만, 탄소가 없는 상황에서 생명이 **자발적으로** 진화할 수는 없을 듯하다. 그 이유는 특수한 것이지만, 탄소가 다른 원소들과 결합하는 독특한 방식과 관련이 있다. 예컨대 이산화탄소는 실온에서 기체이며 생물학적으로 매우 유용하다. 규소는 원소 주기율표에서 탄소 바로 아래에 위치한 원소이므로 화학적 성질이 탄소와 비슷하다. 그러나 이산화규소, 즉 석영은 유기체의 폐 속이 아니라 광물 진열장 속에 있을 때에 훨씬 더 유용하다. 물론 규소를 즐겨 먹고 액체 암모니아 속에서 경쾌하게 꼬리를 휘젓는 생물이 진화하지 말라는 법은 없다. 그러나 오직 원초적인 원소들만 있는 상황에서는 그런 이색적인 생물도 진화할 수 없을 것이다. 왜냐하면 그 원소들로부터 형성될 수 있는 안정적인 화합물은 오직 두 가지, 무색의 결정인 수소화 리튬과 수소 기체뿐이기 때문이다. 이것들이 증식하고 심지어 사랑에 빠지는 일은 일어날 성싶지 않다. 더구나 우리가 탄소에 기초를 둔 생물이라는 것은 엄연한 사실이다. 따라서 원자핵에 양성자 6개를 포함한 탄소와 그밖에 우리의 몸을 이루는 다른 무거운 원소들이 어떻게 창조되었는가라는 질문이 제기된다.

첫 단계는 늙은 별들에 헬륨이 축적되기 시작하는 때이다. 헬륨은 수소 원자핵 두 개가 충돌하여 융합될 때에 만들어진다. 이 융합은 별이 에너지를 생산하는 방법이기도 하다. 이어서 헬륨 원자 두 개가 충돌하여 베릴륨을 형성할 수 있다. 베릴륨 원자핵에는 양성자 4개가 들어 있다. 이제 베릴륨은 원리적으로 또 다른 헬륨 원자핵과 융합하여 탄소를 형성할 수 있다. 그러나 이 융합은 일어나지 않는다. 왜냐하면 헬륨 원자 두 개의 융합에 의해서 형성된 베릴륨 동위원소는 거의 즉시 붕괴하여 헬륨 원자핵으로 되돌아가기 때문이다.

그러나 별이 수소를 소진하기 시작하면, 상황이 달라진다. 이

제 별의 중심부는 수축하고 온도가 약 1억 도 켈빈까지 상승한다. 이 조건에서는 원자핵들의 충돌이 매우 자주 일어나므로, 베릴륨 원자핵들의 일부는 붕괴하기 전에 또다른 헬륨 원자핵과 충돌한다. 그리하여 베릴륨과 헬륨이 융합하면 안정적인 탄소 동위원소가 형성된다. 그렇게 형성된 탄소가 보르도 와인을 음미하고 불붙은 곤봉으로 저글링을 하고 우주에 관한 질문을 던지는, 화합물들의 질서 있는 집합체에 이르기까지는 아직 기나긴 여정이 남아 있다. 인간과 같은 생물이 존재하려면, 우선 탄소가 별의 내부에서 나와 더 온화한 환경으로 이동해야 한다. 이미 언급했듯이, 그 이동은 별이 생애를 마치면서 초신성 폭발이 일어날 때 이루어진다. 초신성은 탄소를 비롯한 무거운 원소들을 뱉어내는데, 그것들은 나중에 행성의 재료가 된다.

이런 식으로 탄소가 형성되는 과정을 일컬어 삼중 알파 입자 반응이라고 한다. 왜냐하면 "알파 입자(alpha particle)"는 이 과정에 참여하는 헬륨 동위원소의 원자핵을 일컫는 다른 이름이고, 이 과정이 완수되려면 알파 입자 3개가 (결국) 융합해야 하기 때문이다. 통상적인 물리학의 예측에 따르면, 삼중 알파 입자 반응을 통해서 탄소가 생산되는 속도는 매우 느릴 수밖에 없다. 이 점에 착안하여 호일은 1952년에 베릴륨 원자핵의 에너지와 헬륨 원자핵의 에너지의 합은 그것들의 융합으로 형성되는 탄소 동위원소 원자의 특정 양자 상태의 에너지와 거의 같아야 한다는 예측을 내놓았다. 즉, 이른바 공진(共振, resonance)을 예측한 것인데, 공진 상태에서는 핵융합의 속도

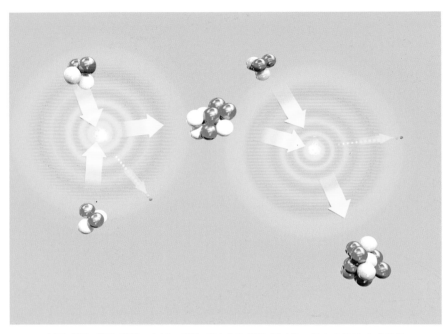

삼중 알파 입자 반응 탄소는 별의 내부에서 헬륨 원자핵 3개가 충돌하여 융합할 때에 형성된다. 만약 핵물리학의 법칙들이 어떤 특별한 속성을 지니지 않았다면, 이 융합이 일어날 확률은 매우 낮았을 것이다.

가 대폭적으로 빨라진다. 1952년 당시에 그런 에너지 레벨(level)은 알려져 있지 않았다. 그러나 캘리포니아 공과대학의 윌리엄 파울러는 호일의 예측을 발판으로 삼아 그런 레벨을 찾아냈다. 그것은 복잡한 원자핵들이 창조된 과정에 관한 호일의 견해에 힘을 실어준 중요한 성과였다.

호일은 이렇게 썼다. "증거를 검토한 과학자라면 누구나 핵물리학의 법칙들이 별의 내부에서 일어날 일들과 관련해서 의

도적으로 설계되었다고 추론하리라고 나는 믿는다." 당시에는 핵물리학이 충분히 발전하지 않았기 때문에, 이 교묘한 핵물리학 법칙들이 얼마나 큰 행운이 되었는지 아무도 몰랐다. 그러나 최근 들어 강한 인본원리의 타당성을 탐구하면서 물리학자들은 만약 자연법칙들이 실제와 다르다면, 우주는 어떤 모습일까라는 질문을 던지기 시작했다. 오늘날 우리는 삼중 알파 입자 반응의 속도가 자연의 근본적인 힘들의 강도에 따라서 어떻게 달라지는지 알려주는 컴퓨터 모형을 만들 수 있다. 그런 모형에 기초한 계산 결과들을 보면, 강한 핵력의 강도가 겨우 0.5퍼센트 다르거나 전기력이 겨우 4퍼센트 다를 경우, 모든 별의 내부에서 탄소가 거의 전부 사라지거나 산소가 전부 사라지고, 따라서 우리가 아는 생명의 가능성도 사라진다. 강한 핵력이나 전기력을 지배하는 법칙들을 조금이라도 건드리면, 우리가 존재할 가능성은 사라진다!

우리는 약간 변형된 물리학 이론들에 부합하는 모형 우주들을 만들어 살펴봄으로써 물리법칙의 변화가 일으키는 효과를 체계적으로 연구할 수 있다. 그런 연구들에서 드러났듯이, 우리의 존재를 위해서 적당히 조정되어야 하는 것은 강한 핵력과 전자기력의 강도만이 아니다. 우리의 이론들에 등장하는 근본적인 상수들의 대부분은, 만일 그것들이 약간이라도 변경되면 우주가 질적으로 달라지고 많은 경우에 생명의 발생에 부적합해진다는 의미에서, 정밀하게 조정되어 있는 것으로 보인다. 예컨대 만약 약한 핵력이 실제보다 훨씬 더 약했다면, 초기 우주

에서 모든 수소는 헬륨으로 바뀌었을 것이고 따라서 평범한 별
은 형성되지 않았을 것이다. 반대로 약한 핵력이 실제보다 훨씬
더 강했다면, 폭발하는 초신성은 바깥쪽 껍질들을 방출하지 않
았을 테고, 따라서 생명에 필수적인 무거운 원소들이 별들 사이
의 공간으로 흩뿌려질 수 없었을 것이다. 만약 양성자의 질량이
실제보다 0.2퍼센트 더 크다면, 양성자는 중성자로 붕괴하고,
원자들은 불안정해질 것이다. 만약 양성자를 이루는 쿼크들의
질량의 합이 실제 값과 겨우 10퍼센트라도 다르다면, 우리 몸
의 재료가 되는 안정적인 원자핵들의 개수가 훨씬 더 적어질
것이다. 실제로 그 질량의 합은 안정적인 원자핵들의 개수가 가
장 많아지도록 만드는 최적의 값과 거의 일치하도록 조정되어
있는 것처럼 보인다.

행성이 2-3억 년 동안 안정적인 궤도 운동을 해야만 생명이
발생할 수 있다고 전제하면, 우리의 존재에 의해서 공간 차원의
개수도 정해진다. 왜냐하면 중력법칙들에 따르면, 오직 3차원
에서만 안정적인 타원 궤도가 가능하기 때문이다. 원 궤도는 다
른 차원의 공간들에서도 가능하지만, 뉴턴이 걱정한 대로, 원
궤도는 불안정하다. 3차원이 아닌 공간에서는, 다른 행성들이
발휘하는 인력과 같은 작은 교란만 있어도 행성은 원 궤도를
벗어나서 나선을 그리면서 태양을 향해 접근하거나 반대로 멀
어져갈 것이다. 따라서 우리가 그런 행성에서 산다면 타죽거나
얼어죽을 것이 뻔하다.

또한 차원의 개수가 3보다 큰 공간에서는 두 물체 사이의 거

리가 멀어질 때에 중력이 줄어드는 속도가 3차원 공간에서보다 더 빠를 것이다. 3차원 공간에서 중력은 거리가 두 배로 늘어나면 1/4배로 줄어든다. 하지만 4차원 공간에서 똑같은 일이 벌어지면 중력은 1/8배, 5차원 공간에서는 1/16배 등으로 줄어들 것이다. 그러므로 4차원 이상의 공간에서는 태양이 내부 압력과 중력이 균형을 이룬 안정 상태를 유지할 수 없다. 오히려 태양은 산산이 폭발하거나 붕괴하여 블랙홀이 될 텐데, 어느 쪽이든 유쾌한 일은 아닐 것이다. 4차원 이상의 공간에서는 전기력도 방금 설명한 중력의 행동과 마찬가지로 행동할 것이다. 따라서 원자 속에 있는 전자들은 나선을 그리며 핵으로 접근하거나 바깥으로 탈출할 것이다. 어느 쪽이든, 우리가 아는 원자들은 존재가 불가능할 것이다.

지적인 관찰자들을 지탱할 수 있는 복잡한 구조들의 출현은 매우 확률이 낮을 듯하다. 자연법칙들은 극도로 정밀하게 조정된 시스템을 이룬다. 우리가 아는 생명의 발생 가능성을 파괴하지 않으면서 물리법칙을 변경할 수 있는 폭은 매우 좁다. 물리법칙들이 놀랄 만큼 정밀하게 조정되어 있지 않았다면, 인간이나 그와 유사한 생물은 절대로 탄생할 수 없었을 것이다.

가장 인상적인 미세 조정 사례는 아인슈타인의 일반상대성이론 방정식에 등장하는 이른바 우주 상수와 관련이 있다. 이미 언급했듯이 아인슈타인은 일반상대성이론을 발표했던 1915년 당시에 우주는 정적이라고, 다시 말해서 팽창하거나 수축하지 않는다고 믿었다. 그런데 모든 물질은 다른 물질을 끌어당기므로, 그는 우주가 수축한다는 귀결을 회피하기 위해서 새로운 반(反)중력을 도입했다. 그 반중력은 다른 힘들과는 달리 어떤 특정한 원천에서 나오는 것이 아니라 시공의 조직 자체에 내장된 힘이었다. 우주 상수는 그 힘의 강도를 기술한다.

그러나 우주가 정적이지 않다는 것이 발견되자 아인슈타인은 자신의 이론에서 우주 상수를 제거했다. 그 상수를 도입한 것은 자신의 일생에서 가장 큰 바보짓이었다고 그는 말했다. 그러나 1998년에 아주 먼 초신성들을 관찰하여 얻은 결과들은 우주의 팽창 속도가 점점 더 빨라지고 있다는 것을 보여주었다. 그런 가속 팽창은 어떤 척력이 우주 공간 전체에서 작용하지 않는다면, 불가능한 현상이다. 그리하여 우주 상수가 부활했다. 이제 우리는 그 상수 값이 0이 아니라는 것을 안다. 따라서 이런 질문이 제기된다. 왜 우주 상수는 0이 아닌 값을 가질까? 물리학자들은 우주 상수가 양자역학의 효과들로부터 어떻게 발생하는지 설명하는 논증들을 고안했지만, 그들이 계산한 우주 상수의 값은 초신성 관찰을 통해서 얻은 실제 값보다 무려 10^{120} 배나 컸다. 이는 계산에 쓰인 논증이 틀렸거나 아니면 어떤 다른 효과가 존재해서 계산 값의 거의 전부가 기적처럼 소거되고 상상하기 어려울 정도로 작은 일부만 남는다는 뜻이다. 한 가지 확실한 것은, 만일 우주 상수의 값이 실제보다 훨씬 더 크다면, 우리 우주는 은하들이 형성될 사이도 없이 산산이 흩어졌을 테고, 따라서 우리가 아는 생명은 불가능했을 것이라는 점이다.

이런 절묘한 미세 조정들을 어떻게 받아들여야 할까? 근본적인 물리법칙의 정확한 형태 및 본질과 관련한 행운은 우리가 환경적인 요소들에서 발견하는 행운과는 종류가 다르다. 전자는 후자처럼 쉽게 설명할 수 없으며 훨씬 더 깊은 물리학적, 철학적 함의들을 지녔다. 우리의 우주와 그곳의 법칙들은 우리를 지탱하기 위해서 맞춤형으로 설계된 것처럼 보인다. 우리가 존재하려면, 그 설계를 변경할 여지는 거의 없을 듯하다. 이것은 쉽게 설명되지 않는 행운이다. 그러므로 자연스럽게 이런 질문이 제기된다. 왜 이런 행운이 존재하게 되었을까?

많은 사람들은 우리가 그 행운을 신의 작용의 증거로 여기기를 바란다. 우주가 인류의 거처로 설계되었다는 생각은 수천 년 전부터 지금 이 순간까지 수많은 신학들과 신화들에 등장해왔다. 마야 족의 경전 「포폴 부(*Popol Vuh*)」의 신화 이야기들에 등장하는 신들은 이렇게 선언한다. "지각하는 능력을 가진 인간들이 존재할 때까지, 우리는 우리가 창조하고 구성한 모든 것들의 대가로 영광도 명예도 얻지 못할 것이다." 기원전 2000년에 작성된 한 이집트 문서에는 이런 구절이 나온다. "신의 가축인 인간은 필요한 것을 잘 공급받았다. 신[태양신]은 인간을 위해서 하늘과 땅을 만들었다." 중국 전국시대 초기의 도교 철학자인 열자(列子, 기원전 400년경에 생존)는 똑같은 생각을 어느 이야기 속의 등장인물을 통해서 이렇게 표현했다. "특별히 우리를 위해서 하늘은 다섯 가지 곡식을 자라게 하고 지느러미가 달린 무리와 깃털이 달린 무리를 낳는다."

서양 문화에서는 우주가 신의 뜻에 따라서 설계되었다는 생각을 구약성서의 창조 이야기에서 찾아볼 수 있다. 그러나 전통적인 기독교의 관점은 아리스토텔레스의 영향도 많이 받았다. 아리스토텔레스는 "어떤 의도적인 설계에 따라서 작동하는 지적인 자연세계"를 믿었다. 중세의 기독교 신학자 토마스 아퀴나스는 자연의 질서에 대한 아리스토텔레스의 생각을 신의 존재를 증명하는 데에 적용했다. 18세기의 또 다른 기독교 신학자는 우리가 토끼를 쉽게 쏠 수 있도록 토끼의 꼬리가 하얗다고까지 주장했다. 몇년 전에 빈의 대주교 크리스토프 쇤보른 추기경은 다음과 같은 문장을 통해서 현대 기독교의 입장을 생생하게 대변했다. "21세기가 시작된 지금, 현대 과학이 발견한 목적과 설계를 입증하는 압도적인 증거를 회피하기 위해서 발명된 다중우주[다수의 우주] 가설과 신다윈주의 등의 과학적 주장들에 직면하여, 가톨릭 교회는 자연에 실제로 설계가 내재한다고 선언함으로써 다시 한번 인간 본성을 방어할 것이다." 우주론에서는 우리가 방금 기술한 물리법칙의 미세조정이 쇤보른 추기경이 언급한, 목적과 설계를 입증하는 압도적인 증거이다.

　　인간 중심 우주에 대한 과학적 반박의 역사에서 코페르니쿠스의 태양계 모형은 혁명적인 전환점이었다. 그 모형에서 지구는 더 이상 우주의 중심이 아니었다. 그러나 역설적이게도 코페르니쿠스 자신의 세계관은 대단히 인간 중심적이었다. 그는 태양 중심 모형에서도 지구가 거의 우주의 중심에 있다고 지적함으로써 우리를 위로하기까지 했다. "비록 [지구가] 우주의 중심에 있지는 않지만, 그럼에도 [지구가 중심에서 떨어진] 거리는 특히 항성들이 중심에서 떨어진 거리와 비교하면 미미하다." 17세기에 망원경이 발명되면서 다른 행성에 딸린 위성들이 발견되는 등, 새로운 발견들이 잇따랐다. 그 발견들은 우리의 위치가 우주에서 특권적이 아니라는 코페르니쿠스의 원리에 힘을 실어주었다. 이후 몇 세기 동안 우리는 우주에서 더 많은 것들을 발견했고, 우리의 지구가 흔히 있는 평범한 행성일 가능성은 더 높아졌다. 그러나 아주 많은 자연법칙들이 극도로 정밀하게 조정되어 있다는 사실이 비교적 최근에 발견되었고, 적어도 우리들 가운데 일부는 그 발견을 계기로 이 위대한 설계(grand design)가 어떤 위대한 설계자의 작품이라는 해묵은 생각으로 복귀했다. 그 생각을 미국에서는 "지적 설계(intelligent design)"라고 부른다. 미국 헌법이 학교에서 종교 교육을 금지하기 때문에 고안된 이 명칭은 신이 설계자임을 암시하고 있다.

이것은 현대 과학의 대답이 아니다. 우리가 제5장에서 보았듯이, 우리 우주는 각기 다른 법칙들을 지닌 수많은 우주들 중의 하나일 것이다. 다수의 우주가 있다는 생각은 기적적인 미세조정을 설명하기 위해서 발명된 것이 아니다. 그 생각은 현대 우주론의 많은 이론들과 무경계 조건의 귀결이다. 그런데 만일 그 생각이 옳다면, 강한 인본원리와 약한 인본원리는 사실상 같아진다고 할 수 있다. 만일 다수의 우주가 있다면, 물리법칙의 미세조정은 우리를 둘러싼 환경적 요소들의 미세조정과 지위가 동등해질 것이다. 왜냐하면 이제 우리의 우주적인 거처―관찰 가능한 우주 전체―는, 태양계가 수많은 태양계들 중의 하나인 것과 마찬가지로, 수많은 우주들 중 하나에 불과하기 때문이다. 그러므로 우리 태양계의 환경적 요소들과 관련한 행운이 수십억 개의 태양계들이 존재한다는 깨달음에 의해서 대수롭지 않게 된 것과 마찬가지로, 자연법칙들의 미세조정도 수많은 우주들의 존재에 의해서 설명될 수 있다. 누대에 걸쳐 많은 사람들은 당대의 과학으로 설명할 수 없는 자연의 아름다움과 복잡함이 신에게서 유래했다고 생각했다. 그러나 겉보기에 기적적인 생물들의 설계가 지고의 존재의 개입 없이 발생할 수 있음을 다윈과 월러스가 설명했듯이, 다중우주의 개념은 우리를 위해서 우주를 만든 자비로운 창조자를 들먹일 필요도 없이 물리법칙의 미세조정을 설명할 수 있게 해준다.

아인슈타인은 그의 조수 에른스트 슈트라우스에게 이렇게 물은 적이 있다. "신이 우주를 창조할 때 선택의 자유가 있었을까?" 16세기 후반에 케플러는 신이 어떤 완벽한 수학적 원리에 따라서 우주를 창조했다고 확신했다. 뉴턴은 하늘에 적용되는 법칙들이 땅에도 적용됨을 보여주었고, 그 법칙들을 표현하는 수학 방정식들을 개발했다. 그 법칙들은 18세기의 많은 과학자들에게 거의 종교적인 감동을 안겨줄 정도로 우아했다. 그들은 그 법칙들을 이용해서 신이 수학자임을 증명하려고 했던 것 같다.

뉴턴 이래로 늘 그러했지만, 특히 아인슈타인 이래로 물리학의 목표는 케플러가 마음속에 품었던 것과 유사한 단순한 수학적 원리들을 발견하고, 그것들을 기초로 삼아서 우리가 자연에서 관찰하는 물질과 힘들을 세부까지 낱낱이 설명하는 통일된 만물의 이론을 창조하는 것이었다. 19세기 후반과 20세기 초반에 맥스웰과 아인슈타인은 전기에 관한 이론, 자기에 관한 이론, 빛에 관한 이론을 통합했다. 1970년대에 표준모형이 만들어졌다. 그 모형은 강한 핵력과 약한 핵력과 전자기력을 다루는 단일한 이론이다. 그후에 나머지 힘인 중력을 포괄하려는 노력의 와중에 끈이론과 M이론이 등장했다. 목표는 모든 힘들뿐만 아니라 힘들의 강도와 기본입자들의 질량, 전하량 등의 근본적인 수들까지 설명하는 단일한 이론을 발견하는 것이었다. 아인슈타인의 표현을 빌리면, "자연의 본성에서 이런 법칙들을 논리적으로 제시할 수 있는데, 그 법칙들은 아주 강하게 결정되어 있기 때문에, 그것들 아래에서는 오직 합리적으로 완벽하게 결정된 이런 상수들만 등장한다(그러니까 그 값을 바꾸어도 이론이 파괴되지 않는 그런 상수는 등장하지 않는다)"고 말할 수 있게 되는 것이 과학자들의 바람이었다. 우리의 존재를 허용하는 미세조정을 어떤 유일한 이론이 설명할 가능성은 낮을 것이다. 그러나 최근의 발전들을 감안하여 우리가 아인슈타인이 꿈꾼 것은 우리 우주를 비롯한 수많은 우주들과 그곳들의 다양한 법칙들을 설명하는 유일무이한 이론이라고 해석한다면, M이론은 아인슈타인의 꿈의 실현일 수 있다. 그러나 M이론은 유일무이할까? 다시 말해서 어떤 단순한 논리적 원리가 반드시 M이론

을 요구하는 것일까? 우리가 이 질문에 답할 수 있다면, M이론
은 M이론이 아닐 것이다!

8

위대한 설계

이 책에서 우리는 해와 달과 행성 같은 천체들의 운동에서 관찰된 규칙성이 신들과 악령들의 자의적인 변덕과 심술이 아니라 정해진 법칙들이 천체들을 지배한다는 생각을 어떻게 불러일으켰는지 기술했다. 처음에는 천문학에서만(혹은 당시에 천문학과 동일하게 간주한 점성술에서만) 그런 법칙들의 존재가 명백해졌다. 지상의 사물들의 행동은 매우 복잡하고 아주 많은 영향들에 종속되기 때문에, 초기의 문명들은 그 현상들을 지배하는 패턴이나 법칙을 명확하게 식별할 수 없었다. 그러나 점차 천문학 이외의 분야들에서도 새로운 법칙들이 발견되었고, 마침내 과학적 결정론이 등장했다. 특정 시점에서 우주의 상태가 주어지면, 완벽한 법칙들의 집합에 의해서 그 시점 이후에 우주가 어떻게 진화할지가 결정된다는 생각이 등장한 것이다. 그 법칙들은 언제 어디에서나 타당해야 했다. 그렇지 않으면 그것들은 법칙들이 아닐 것이었다. 예외나 기적은 있을 수 없었다. 신들이나 악령들은 우주의 운행에 개입할 수 없었다.

과학적 결정론이 처음 등장했을 때, 뉴턴의 운동법칙과 중력법칙은 우리가 알고 있던 유일한 법칙들이었다. 우리가 이미 서술했듯이, 그 법칙들은 아인슈타인의 일반상대성이론에 의해서 확장되었고, 우주의 다른 측면들을 지배하는 법칙들도 발견되었다.

자연법칙들은 우주가 어떻게 행동하는지 알려주지만, 우리가 이 책의 첫머리에서 제시한 왜냐는 질문들에는 대답하지 못한다.

왜 무(無)가 아니라 무엇인가가 있을까?
왜 우리가 존재할까?
왜 다른 법칙들이 아니라 이 특정한 법칙들이 있을까?

이 질문들에 대한 답은 우주를 이런저런 방식으로 창조하기로 선택한 신이 있다는 것이라고 어떤 사람들은 주장할 것이다. 누가 혹은 무엇이 우주를 창조했느냐는 질문은 정당하지만, 그 질문에 신이 창조했다고 대답하는 것은 원래의 질문을 누가 신을 창조했느냐는 새로운 질문으로 바꾸는 것에 불과하다. 이 때문에 사람들은 창조될 필요가 없는 존재를 인정하고, 그 존재를 신이라고 명명한다. 이런 식으로 신은 창조될 필요가 없는 존재임을 내세워 신의 존재를 증명하는 방식을 최초 원인 논증이라고 한다. 그러나 우리는 온전히 과학의 범위 안에서, 어떤 신적인 존재에도 호소하지 않고, 위의 질문들에 대답할 수 있다고 주장한다.

제3장에서 도입된 모형 의존적 실재론에 따르면, 우리의 뇌는 외부 세계에 대한 모형을 만듦으로써 감각기관들에서 온 입력정보를 해석한다. 우리는 우리의 집, 나무들, 다른 사람들, 벽의 소켓에서 흘러나오는 전기, 원자, 분자, 다른 우주들의 개념을 형성한다. 이런 개념들 외에 우리가 알 수 있는 실재는 없다. 모형에 의존하지 않고 무엇인가의 실재 여부를 판단할 길은

없다. 요컨대 잘 구성된 모형은 그 나름의 실재를 창조한다. 실재와 창조에 대한 성찰에 도움이 될 만한 예로 1970년에 케임브리지 대학의 젊은 수학자 존 콘웨이가 발명한 생명 게임 (Game of Life)이 있다.

"생명 게임"이라는 명칭에 붙은 "게임"이라는 단어는 오해를 일으키기 쉽다. 생명 게임에는 승자도 패자도 없으며 아예 게임 참가자들이 없다. 생명 게임은 실제로 게임이 아니라 2차원 우주를 지배하는 법칙들의 집합이다. 그 우주는 결정론적 (deterministic)이다. 당신이 처음 배열, 즉 초기 상태를 설정하면, 법칙들이 이후의 사건들을 결정한다.

콘웨이가 구상한 세계는 정사각형들이 마치 체스 판처럼 그러나 체스 판과 다르게 모든 방향으로 무한히 늘어선 배열이다. 정사각형 각각은 상태가 둘 중 하나이다. 즉, 살아 있는 상태 (녹색으로 표현됨)이거나 죽어 있는 상태(검은색으로 표현됨)일 수 있다. 정사각형 각각은 이웃 정사각형 8개를 가진다. 위, 아래, 왼쪽, 오른쪽에 이웃한 정사각형과 대각선 방향으로 이웃한 정사각형 4개가 그것들이다. 이 세계에서 시간은 연속적으로 흐르지 않고 이산 단계들(離散段階, discrete steps)을 거치면서 진행한다. 죽어 있는 정사각형들과 살아 있는 정사각형들의 배열이 특정하게 주어지면, 각 정사각형의 살아 있는 이웃의 개수가 다음 단계에서 그 정사각형이 어떻게 될지를 아래의 법칙들에 따라서 결정한다.

1. 살아 있는 이웃을 2개 또는 3개 가진 살아 있는 정사각형은 살아남는다(생존).
2. 살아 있는 이웃을 3개 가진 죽어 있는 정사각형은 살아 있는 세포가 된다(탄생).
3. 다른 모든 정사각형은 죽거나 죽어 있는 상태를 유지한다. 살아 있는 이웃을 0개나 1개 가진 살아 있는 정사각형은 고립되어 죽고, 살아 있는 이웃을 4개 이상 가진 살아 있는 정사각형은 너무 붐벼서 죽는다.

이것이 전부이다. 어떤 특정한 초기 조건이 주어지면, 이 법칙들은 계속해서 다음 세대의 상태들을 산출한다. 고립된 살아 있는 정사각형이나 정사각형 쌍은 살아 있는 이웃을 너무 적게 가졌기 때문에 다음 세대에서 죽는다. 고립된 채 대각선으로 늘어선 살아 있는 정사각형 3개는 조금 더 오래 산다. 구체적으로, 다음 세대에서 양끝의 정사각형들이 죽고, 가운데 정사각형은 그 다음 세대에서 죽는다. 고립된 채 대각선으로 늘어선 정사각형들은 모두 이런 식으로 "증발한다(evaporate)." 이번에는 정사각형 3개가 수평으로 나란히 늘어선 배열을 생각해보자. 이 배열에서도 가운데 정사각형은 살아 있는 이웃을 2개 가졌으므로 살아남고 양끝의 두 정사각형은 죽지만, 대각선 배열에서와는 달리 가운데 정사각형 바로 위 정사각형과 바로 아래 정사각형은 살아난다. 그러므로 수평 배열이 수직 배열로 바뀐다. 이와 유사한 방식으로 그 다음 세대에서는 수직 배열이 다시 수평 배열로 바뀐다. 이런 식으로 진동하는 배열을 일컬어 "깜박이(blinker)"라고 한다.

정사각형 3개가 L자 모양의 배열을 이루었을 경우, 새로운 행동이 나타난다. 다음 세대에서 L자에 감싸인 정사각형이 살아나 2×2 사각배열이 형성된다. 이 사각배열은 세대가 바뀌고 또 바뀌어도 변하지 않는다. 이런 패턴 유형을 일컬어 "고요한 생명(still life)"이라고 한다. 많은 패턴 유형들은 초기에는 변화하지만, 머지않아 고요한 생명이 되거나 죽거나 원래 형태로 복귀하여 변환 과정을 되풀이한다.

또한 "글라이더(glider)"라고 불리는 패턴들도 있다. 그것들은 다른 모양들로 바뀌지만, 몇 세대가 지나면, 원래 위치에서 대각선 방향으로 한 칸 이동한 자리에서 원래 형태로 복귀한다. 글라이더의 진화를 지켜보면, 마치 무엇인가가 기어가는 것처럼 보인다. 그런 글라이더들이 충돌하면, 충돌 순간에 글라이더 각각의 모양이 어떠하느냐에 따라서 진기한 행동들이 나타날 수 있다.

이 생명 게임 우주가 흥미로운 까닭은 바탕의 "물리학"은 비록 단순하지만, "화학"은 복잡할 수 있기 때문이다. 바꿔 말하면 다양한 규모에서 복합 대상들이 존재한다. 가장 작은 규모에서, 근본적인 물리학은 살아 있는 정사각형들과 죽어 있는 정사각형들, 그렇게 두 가지만 있다고 말해준다. 그러나 더 큰 규모에서 글라이더, 깜박이, 고요한 생명이 있다. 그보다 더 큰 규모에서 글라이더 포(glider gun)를 비롯한 더욱 더 복잡한 대상

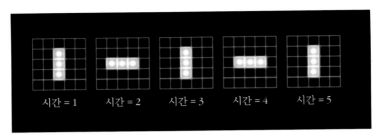

깜박이 깜박이는 생명 게임에서 등장하는 복합 대상의 단순한 유형들 중 하나이다.

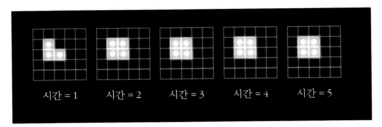

고요한 생명에 이르는 진화 생명 게임에서 어떤 복합 대상들은 진화하여 영원히 변하지 않는 형태가 된다.

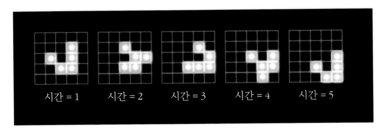

글라이더 글라이더들은 변화하면서 중간 모양들을 거친 후에 원래 위치에서 대각선 방향으로 한 칸 이동한 자리에서 원래 모양으로 복귀한다.

들이 있다. 글라이더 포는 주기적으로 글라이더를 낳는 정적인 패턴이다. 태어난 글라이더들은 글라이더 포를 떠나서 대각선 방향으로 이동한다.

220

당신이 한동안 임의의 규모의 생명 게임 우주를 관찰하면, 그 규모의 대상들을 지배하는 법칙들을 발견할 수 있을 것이다. 예컨대 크기가 정사각형 두세 개 정도인 대상들의 규모에서는 "사각배열은 절대로 이동하지 않는다", "글라이더는 대각선 방향으로 이동한다" 따위의 법칙들이 발견될 것이다. 또 대상들이 충돌할 때에 일어나는 일들에 관한 다양한 법칙들도 발견될 것이다. 요컨대 당신은 임의로 정한 규모의 복합 대상들을 다루는 물리학을 온전하게 구성할 수 있을 것이다. 그 물리학의 법칙들은 원래의 (최소 규모의 대상들을 지배하는) 법칙들에 등장하지 않는 실체들과 개념들을 포함할 것이다. 예컨대 원래의 법칙들에는 "충돌"이나 "이동" 따위의 개념들이 등장하지 않는다. 그 법칙들은 단지 개별 정사각형의 살아 있음과 죽어 있음만을 규정한다. 우리 우주에서와 마찬가지로, 생명 게임에서도 당신이 다루는 실재는 당신이 사용하는 모형에 의존한다.

콘웨이와 그의 학도들은 그들이 정의한 생명 게임의 법칙들처럼 단순한 근본 규칙들을 지닌 우주가 복제 능력을 지닐 정도로 복잡한 대상들을 허용할 수 있는지 알아보기 위해서 생명 게임을 개발했다. 생명 게임 세계에서는, 단지 몇 세대 동안 그 세계의 법칙들을 따름으로써 자신과 종류가 같은 개체들을 낳는 복합 대상이 존재할 수 있을까? 콘웨이와 그의 학도들은 그런 대상이 가능함을 증명했을 뿐 아니라 그런 대상은 어떤 의미에서 지능을 지녔다는 것까지 보여주었다! 도대체 어떤 의미에서 지능을 지녔다는 것일까? 정확히 말해서, 그들은 자기 복

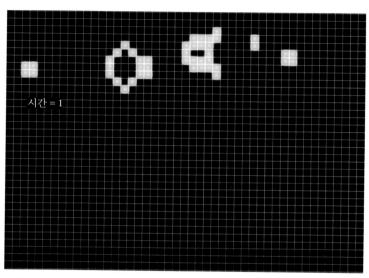

글라이더 포의 처음 상태 글라이더 포는 글라이더보다도 대체적으로 10배 가량 더 크다.

제 능력을 지닌 거대한 정사각형 집단들이 "보편적인 튜링 기계들(universal Turing machines)"임을 증명했다. 우리가 하는 논의의 맥락에서 이 말은, 원리적으로 그 집단들이 우리의 물리적 세계에 있는 컴퓨터가 할 수 있는 임의의 계산을 수행할 수 있다는 뜻이다. 다시 말하면, 생명 게임 세계에서 적절한 환경이 제공되면, 그 집단들의 몇 세대 후의 상태에서 계산 결과에 대응하는 출력을 읽어낼 수 있다.

더 구체적인 이해를 위해서, 글라이더가 살아 있는 정사각형들로 이루어진 단순한 2×2 사각배열로 다가갈 때에 일어나는 일을 살펴보자. 글라이더가 적절한 방식으로 접근한다면, 가만

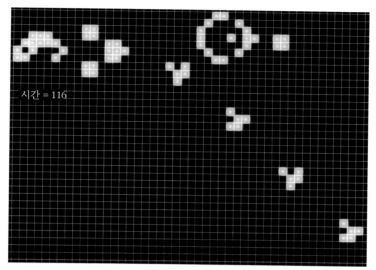

시간 = 116

116세대 후에 글라이더 포의 상태 시간이 진행되면, 글라이더 포는 모양을 바꿔 글라이더를 방출한 뒤에 원래 모양과 위치로 복귀한다. 이 과정은 끝없이 반복된다.

히 있던 사각배열은 글라이더가 출발한 지점을 향해서 혹은 그 반대방향으로 이동할 것이다. 이런 식으로 그 사각배열은 컴퓨터의 메모리를 흉내낼 수 있다. 실제로 현대적인 컴퓨터의 모든 기본 기능들―예컨대 논리곱 게이트(AND gate)와 논리합 게이트(OR gate)―을 글라이더들을 가지고 재현할 수 있다. 그러므로 물리적인 컴퓨터에서 전기 신호들이 쓰이는 것과 마찬가지로, 글라이더들의 흐름을 이용하여 정보를 보내고 처리할 수 있다.

수학자 존 폰 노이만이 생명 게임이 나오기 이전에 수행한 연구에 기초를 둔 어떤 추정에 따르면, 생명 게임에서 자기 복제 능력을 지닌 패턴의 최소 크기는 정사각형 10조 개 규모이다. 10조는 인간 세포 하나에 들어 있는 분자의 개수와 대체로 같다.

살아 있는 존재는 크기가 유한하며 안정적이고 자신을 재생산하는 복잡한 시스템으로 정의될 수 있다. 우리가 위에서 기술한 대상들은 재생산 조건을 만족시키지만 안정적이지는 않을 가능성이 높다. 다시 말해서 외적인 교란이 조금이라도 있으면, 그 대상들의 미묘한 메커니즘은 망가질 가능성이 높다. 그러나 쉽게 상상할 수 있듯이, 약간 더 복잡한 법칙들은 생명의 속성들을 모두 갖춘 복잡한 시스템을 허용할 것이다. 그런 시스템이 콘웨이의 생명 게임과 유사한 세계에서 하나의 대상으로서 존재한다고 상상해보자. 그런 대상은 환경적인 자극에 반응할 것이며 따라서 결정을 하는 것처럼 보일 것이다. 그런 대상은 자기 자신을 의식할 수 있을까? 곧 자기의식이 있을까? 이 질문에 대한 견해는 첨예하게 엇갈린다. 어떤 사람들은 유일무이하게 인간만이 자기의식을 지녔다고 주장한다. 자기의식은 인간에게 자유의지를 주고 여러 행위들 가운데 하나를 선택할 능력을 준다고 그들은 주장한다.

그 어떤 것이 자유의지를 지녔는지 여부를 어떻게 판단할 수 있을까? 만일 우리가 외계인과 마주친다면, 우리는 그 외계인이 단지 로봇인지 아니면 그 나름의 정신을 지녔는지 어떻게 판단할 수 있을까? 로봇의 행동은 자유의지를 지닌 존재의 행동과 달리 철저히 결정되어 있을 것이다. 그러므로 원리적으로 우리는 예측 가능한 행동을 하는 존재가 로봇이라고 판단할 수 있을 것이다. 그런데 제2장에서 말했듯이, 문제의 존재가 크고 복잡할 경우, 그런 식의 판단은 불가능할 정도로 어려울 수 있다. 우리는 3개 이상의 입자들의 상호작용에 관한 방정식들조차 정확하게 풀지 못한다. 인간 크기의 외계인은 설령 로봇이라고 하더라도 대략 1,000조 곱하기 1조 개의 입자들로 이루어졌을 것이므로, 관련 방정식들을 풀어서 그 외계인의 행동을 예측하기는 불가능할 것이다. 그러므로 우리는 임의의 복잡한 존재가 자유의지를 지녔다고 말할 수밖에 없을 것이다. 그러나 그 말은 자유의지가 그 존재의 근본 특징이라는 뜻이 아니라, 단지 우리가 그 존재의 행동을 예측 가능하게 해주는 계산들을 할 능력이 없음을 인정한다는 뜻이다.

콘웨이의 생명 게임은 매우 단순한 법칙들의 집합조차도 지적인 생명의 특징들과 유사한 것들을 산출할 수 있음을 보여준다. 이런 속성을 가지고 있는 법칙들의 집합은 틀림없이 많을 것이다. 그렇다면 무엇이 우리 우주를 지배하는 근본 법칙들을 선택했을까? 콘웨이의 우주에서처럼, 우리 우주의 법칙들은 어떤 특정한 시점에서 시스템의 상태가 주어졌을 때에 시스템의 진화를 결정한다. 콘웨이의 세계에서 우리는 창조자들이다. 게임이 시작될 때에 어떤 대상들이 어디에 있을지를 지정함으로써 우주의 초기 상태를 선택하는 장본인은 바로 우리이다.

물리적인 우주에서, 생명 게임의 글라이더 등에 대응하는 존재들은 따로 떨어져 있는 물체들이다. 우리의 세계와 같은 연속적인 세계를 기술하는 법칙들의 집합이라면 어떤 집합이든지 에너지 개념을 포함할 것이다. 에너지는 보존되는 양이다. 즉, 에너지는 시간이 지나도 변하지 않는다. 따라서 빈 공간의 에너지는 시간이나 장소와 무관한 상수일 것이다. 우리는 이 일정한 진공 에너지를, 임의의 대상의 에너지를 잴 때에 같은 부피의 빈 공간의 에너지를 기준으로 삼아서 잼으로써, 제거할 수 있다. 바꿔 말해서 우리는 진공 에너지를 상수 0으로 설정할 수 있다. 모든 자연법칙이 반드시 충족시켜야 하는 조건들 중 하나는 빈 공간에 둘러싸인 고립된 물체의 에너지를 0보다 크도록 만들어야 한다는 것이다. 즉, 자연법칙에 따라서, 그 물체를 조립하려면, 일이 필요해야 한다. 왜냐하면 만일 고립된 물체의 에너지가 0보다 작다면, 그 물체가 적당히 운동하는 상태로 창조될 경우, 그것의 음의 에너지와 그것의 운동으로 인한 양의 에너지가 정확히 균형을 이룰 수 있을 것이고, 따라서 그 어떤 에너지가 없어도 그 물체가 운동하는 상태로 창조될 수 있을 것이기 때문이다. 만일 그런 창조가 가능하다면, 물체들이 아무 곳에서나 발생하지 못할 이유가 없을 것이다. 그러므로 빈 공간은 불안정할 것이다. 반면에 만일 고립된 물체를 창조하는 데에 에너지가 있어야 한다면, 그런 불안정성은 발생할 수 없다. 왜냐하면 이미 언급했듯이, 우주의 에너지는 일정하게 유지되어야 하기 때문이다. 결론적으로 우주가 국소적으로 안정되려면, 바꿔 말해서 존재들이 무로부터 아무 곳에서나 그냥 생겨나지 않으려면, 고립된 물체의 에너지는 0보다 커야 한다.

우주의 에너지 총량이 항상 0이어야 하고 물체의 창조에 에너지가 있어야 한다면, 어떻게 우주 전체가 무로부터 창조될 수 있을까? 이 질문에 대한 대답에 중력과 같은 법칙이 있어야 하는 이유가 들어 있다. 중력은 인력이므로, 중력 에너지는 0보다 작은 음수이다. 중력에 의해서 묶인 시스템—예컨대 지구와 달—을 흩어놓으려면 일이 이루어져야 한다. 이 음의 에너지는 물질을 창조하는 데에 필요한 양의 에너지와 균형을 이룰 수 있다. 그러나 그 균형이 말처럼 간단하지는 않다. 예를 들면 지구의 음의 중력 에너지는 지구를 이루는 물질 입자들의 양의 에너지보다 10억 배 넘게 작다. 별과 같은 물체는 음의 중력 에너지를 더 많이 지녔을 것이고, 그런 물체가 수축하면(물체의 부분들 사이의 거리가 줄어들면) 음의 중력 에너지는 더 커질 것이다. 그러나 음의 중력 에너지가 양의 물질 에너지보다 더 커지기 전에, 별은 붕괴하여 블랙홀이 될 것이고, 블랙홀의 에너지는 양수이다. 이런 연유로 빈 공간은 안정적이다. 별이나 블랙홀 따위의 물체들은 무로부터 그냥 생겨날 수는 없다. 그러나 우주 전체는 그럴 수 있다.

중력은 공간과 시간의 모양을 결정하므로 시공이 국소적으로는 안정적이 되고 광역적으로는 불안정적이 되는 것을 허용한다. 우주 전체의 규모에서 양의 물질 에너지는 음의 중력 에너지와 균형을 이룰 수 있고, 따라서 우주 전체의 창조에 제약이 없다. 중력과 같은 법칙이 있기 때문에, 우주는 제6장에서 기술한 방식으로 무로부터 자기 자신을 창조할 수 있고 창조할 것이다. 자발적 창조야말로 무가 아니라 무엇인가가 있는 이유, 우주가 존재하는 이유, 우리가 존재하는 이유이다. 도화선에 불을 붙이고 우주의 운행을 시작하기 위해서 신에게 호소할 필요는 없다.

우리 우주의 법칙들은 왜 우리가 이미 기술한 대로 그러할까? 우주에 관한 궁극의 이론은 일관되어야 하고 우리가 측정할 수 있는 양들에 대해서 유한한 예측 값을 내놓아야 한다. 우리는 방금 중력과 같은 법칙이 있어야 한다는 것을 보았다. 또 제5장에서는, 어떤 중력이론이 유한한 양들을 예측하려면, 그 이론에 등장하는 자연의 힘들과 그것들이 작용하는 물질 사이에 이른바 초대칭성이 있어야 한다는 것을 보았다. M이론은 가장 일반적인 초대칭 중력이론이다. 따라서 M이론은 우주에 관한 완전한 이론일 가능성이 있는 유일한 후보이다. 만일 M이론이 유한하다면(무한한 양들을 예측하지 않는다면)—M이론의 유한성은 아직 증명되지 않았다—M이론은 스스로 자신을 창조하는 우주의 모형이 될 것이다. 다른 일관된 모형은 없으므로, 우리는 스스로 자신을 창조하는 우주의 일부일 수밖에 없다.

M이론은 아인슈타인이 발견하기를 원했던 통일이론이다. 우리 인간—인간은 자연의 기본입자들의 집합체에 불과하다—이 우리와 우리 우주를 지배하는 법칙들에 대한 이해에 이토록 바투 접근했다는 사실은 위대한 업적이다. 그러나 아마도 진정한 기적은 논리에 대한 추상적인 숙고에 의해서 우리가 보는

놀라운 다양성으로 가득 찬 광활한 우주를 예측하고 기술하는 유일무이한 이론이 나오는 것일 것이다. 만일 그 이론이 관찰에 의해서 입증된다면, 그 이론은 3,000년 넘게 이어져온 탐구의 성공적인 결과가 될 것이다. 우리는 위대한 설계를 발견하게 될 것이다.

용어 해설

가상입자(virtual particle) 양자역학에서 도입되는 개념. 직접적으로 검출될 수는 없지만, 측정 가능한 효과를 발생시키는 입자.

가시적인 법칙들(apparent laws) 우리가 우리 우주에서 관찰하는 자연법칙들. 네 가지 힘에 관한 법칙들과 기본 입자들을 특징 짓는 질량과 전하량들의 매개변수들을 말하며, 다양한 법칙들을 가진 다양한 우주들을 허용하는 M이론의 더 근본적인 법칙들과 대비된다.

간섭 패턴(interference pattern) 서로 다른 위치나 시간에 방출된 파동들의 중첩에 의해서 창발되는 패턴.

강한 핵력(strong nuclear force) 자연의 네 가지 힘 중에서 가장 강한 힘. 강한 핵력은 양성자들과 중성자들을 원자핵 속에 가두어두는 힘이며, 더 작은 입자들인 쿼크들이 양성자와 중성자를 형성하도록 만드는 힘이다.

고전 물리학(classical physics) 우주는 단일하고 잘 정의된 이론을 가지고 있다고 전제하는 물리학 이론.

과학적 결정론(scientific determinism) 우주의 현재 상태에 대한 완전한 지식이 있다면, 과거나 미래의 상태를 예견할 수 있다는 생각. 라플라스가 주장했다. 이것은 시계장치(clockwork : 우주가 시계장치처럼 그 속에 법칙성을 내재하고 있다는 뉴턴의 기계론적 세계관/역

231

주) 우주 개념을 기반으로 한다.

관찰자(observer)　어떤 시스템의 물리적 특성을 측정하는 사람 또는 측정장비.

광자(photon)　전자기력을 운반하는 보존. 빛을 이루는 양자적인 입자.

기본입자(elementary particle)　더 이상 나눌 수 없다고 생각되는 입자. 소립자(素粒子)라고도 번역한다.

끈이론(string theory)　입자들을 진동의 패턴들로 기술하는 물리학 이론. 이때 진동의 패턴은 무한히 가는 끈처럼 길이만 있고 굵기는 없다. 양자역학과 일반상대성이론을 통합시키려는 시도이다. 초끈이론 (superstring theory)이라고도 한다.

뉴턴의 운동법칙(Newton's laws of motion)　절대공간과 절대시간 개념을 기초로 하여 물체의 운동을 기술하는 법칙들. 아인슈타인이 상대성이론을 발견하기 전까지 통용되었다.

다중우주(multiverse)　우주들로 이루어진 집합.

대안 역사(代案歷史, alternative history)　어떤 관찰이 이루어질 확률을 그 관찰로 귀결되는 모든 가능한 역사들을 바탕으로 삼아 계산하는 양자이론의 정식화.

모형 의존적 실재론(model-dependent realism)　우리의 뇌가 우리의 감각기관에서 온 입력을 해석한다는 생각에 토대를 둔 이론.

무게(weight)　중력장 속에서 어떤 물체에 작용하는 힘. 질량과 비례하지만 동일하지는 않다.

무경계 조건(no-boundary condition)　우주의 역사들이 경계가 없는 닫힌 곡면처럼 되어야 한다는 생각. 우주는 유한하지만, 경계를 가지지 않는다는 생각.

무한(infinity) 경계나 끝이 없는 정도나 수.

반물질(antimatter) 물질 입자 각각은 한 개의 대응하는 반물질 입자를 가진다. 물질 입자와 반물질 입자가 만나면, 둘 다 소멸하고 순수한 에너지가 남는다.

보존(boson) 힘을 운반하는 기본입자. 정수의 스핀을 가지는 입자 또는 진동 패턴.

복사(輻射, radiation) 열이나 전자기파가 물체로부터 사방으로 방사하는 현상. 파동이나 입자가 나르는 에너지.

불확정성 원리(uncertainty principle) 하이젠베르크가 정식화한 원리로 입자의 위치와 속도를 동시에 정확히 알 수 없다는 이론. 위치와 속도 중 하나를 더 정확히 알면 알수록 다른 하나를 그만큼 더 부정확하게 알게 된다.

브레인(brane) 끈이론에서 가정하는 모든 확장된 대상. 1-브레인은 끈, 2-브레인은 막, 3-브레인은 3차원이다. 좀더 일반적으로 p-브레인은 p차원을 가진다.

블랙홀(black hole) 엄청나게 강한 중력을 발휘하기 때문에 우주의 나머지 부분으로부터 단절된 시공 구역. 중력이 매우 강해져서 빛도 그 무엇도 빠져나올 수 없다.

빅뱅(big bang) 뜨겁고 조밀한 우주의 시초. 빅뱅 이론은 우리가 오늘날 볼 수 있는 우주가 약 137억 년 전에는 지름 몇 밀리미터의 크기에 불과했다고 주장한다. 오늘날의 우주는 훨씬 더 크고 차지만, 우리는 그 이른 시기의 잔재인 마이크로파 우주배경복사가 우주 전체에 퍼져 있는 것을 관찰할 수 있다. 우주가 탄생한 순간의 특이점.

사건(event) 시간과 위치에 의해서 확정되는 시공에서의 한 점.

속도(velocity) 어떤 물체의 운동의 빠르기와 방향을 기술하는 수.

순행 접근법(bottom-up approach) 잘 정의된 시초를 가진 단일한 우주 역사가 있으며, 우주의 현재 상태는 그 시초가 진화한 결과라고 전제하는 우주론 연구 방법.

스펙트럼(spectrum) 하나의 파동을 구성하는 여러 진동수의 파동들. 태양의 스펙트럼 중 가시적인 부분은 무지개에서 볼 수 있다.

스핀(spin) 기본입자의 내부적 특성. 우리가 일반적으로 사용하는 회전이라는 개념과 비슷하지만, 똑같지는 않다.

시공(space-time) 시공은 수학적 공간이며, 그 공간에 속한 어떤 점을 지적하려면 공간좌표와 시간좌표를 모두 제시해야 한다. 4차원 공간으로, 그 안에 있는 점들은 사건들을 의미한다.

암흑물질(dark matter) 은하계들과 성단들 속에, 그리고 어쩌면 성단들 사이에도 있는 것 같으며, 직접 관찰할 수는 없지만 중력적 효과를 통해서 탐지할 수 있는 물질. 우주 전체 질량의 90퍼센트가 암흑물질의 형태로 존재하는 듯하다.

약한 핵력(weak nuclear force) 자연의 네 가지 힘 중의 하나. 약한 핵력은 방사능이 원인이며 별의 내부와 초기 우주에서 원소들이 형성되는 데에 결정적인 구실을 한다.

양성자(proton) 양전하를 띤 중입자로, 중성자와 함께 원자핵을 구성한다.

양자(quantum, 그 복수는 quanta) 그 속으로 파동이 흡수되거나 방출되는 보이지 않는 단위.

양자색역학(quantum chromodynamics, QCD) 쿼크와 글루온의 상호작용을 기술한 이론.

양자이론(quantum theory) / 양자역학(quantum mechanics) 대상들이 단일하고 확정된 역사를 가지지 않았다는 이론. 플랑크의 양자 원

234

리와 하이젠베르크의 불확정성 원리를 기초로 하여 발전했다.

양자중력(quantum gravity) 양자역학을 일반상대성이론과 통합하는 이론. 끈이론은 양자중력이론의 한 예이다.

에너지 보존(conservation of energy) 에너지(질량의 그 등가물)는 창조되거나 파괴될 수 없다는 과학 법칙.

에테르(ether) 과거에 우주 전체를 가득 채우고 있었다고 생각되는 가상의 비물질적인 매질. 전자기 복사가 전파되기 위해서 이러한 매질이 필요하다는 생각은 더 이상 설득력이 없다.

M이론(M-theory) 물리학의 근본이론으로, 만물의 이론이 될 가능성이 있다. 하나의 이론 틀 속에 끈이론들을 통합시켰다. 이 이론에서는 시공의 11차원이 존재하는 것으로 생각된다. 그러나 아직도 많은 특성들이 해명되어야 한다.

역장(力場, force field) 힘이 그 영향력을 소통하는 수단.

역행 접근법(top-down approach) 우주의 역사들을 "역행적으로", 즉 현재에서부터 되짚어 추적하는 우주론 연구 방법.

우주론(cosmology) 우주 전체에 대한 연구.

우주론의 표준모형(standard model of cosmology) 빅뱅 이론과 입자물리학의 표준모형에 대한 이해를 결합한 모형.

우주 상수(cosmological constant) 아인슈타인의 방정식들에 포함된 매개변수로, 시공에 내재적인 팽창 성향을 부여한다.

원자(atom) 평범한 물질의 기초 단위로, 양성자와 중성자로 이루어진 원자핵과 그 주위를 도는 전자들로 구성된다.

위상(phase) 파동이 진동할 때에 그 1주기 중에서 어떤 위치에 있는지를 표시하는 양. 파동이 마루나 골에 있는지, 혹은 그 사이에 있는

지를 말해주는 지표.

은하(galaxy) 별들과 성간 물질과 암흑물질이 중력에 의해서 모여져 이루어진 거대한 시스템.

이중성(duality) 외견상으로는 달리 보이지만, 같은 물리학적 결과를 도출하는 이론들 사이의 대응관계.

인본원리(人本原理, anthropic principle) 우리가 존재한다는 사실로부터 가시적인 물리법칙들에 관한 결론들을 도출할 수 있다는 생각. 즉 우리가 지금과 같은 모습의 우주를 보고 있는 까닭은 만약 우주가 지금의 모습과 조금만 달랐더라도 우리가 지금 여기 존재해서 우주를 볼 수 없기 때문이라는 개념.

인플레이션(inflation) 가속적인 팽창이 이루어지는 극히 짧은 순간. 그 동안에 탄생 직후의 우주의 크기는 엄청나게 증가했다.

일반상대성이론(general theory of relativity) 과학법칙이 관찰자가 어떻게 움직이는지와 상관없이 모든 관찰자에게 동일해야 한다는 생각에 기초한 아인슈타인의 이론. 중력을 4차원 시공의 곡률로 설명한다.

장(場, field) 한 시점에 오직 한 점에서만 존재하는 입자와는 달리 시간과 공간 전체에 존재하는 어떤 것.

재규격화(renormalization) 양자이론들에서 발생하는 무한들을 처리하기 위해서 고안된 수학적 기법.

전자(electron) 음전하를 가지고 있으며 원자핵 주위를 돈다. 원소들의 화학적 성질을 결정하는 기본입자.

전자기력(electromagnetic force) 자연의 네 가지 힘 중에서 두 번째로 강한 힘. 전하를 띤 입자들 사이에서 작용한다.

전하(電荷, electronic charge)　입자가 띠는 성질로, 같은(또는 다른) 부호의 전하를 가진 다른 입자들을 밀어낸다(또는 끌어당긴다).

점근적 자유성(漸近的 自由性, asymptotic freedom)　강한 핵력이 가진 속성. 이 속성 때문에 강한 핵력은 짧은 거리에서 더 약하다. 따라서 쿼크들은 강한 핵력에 의해서 원자핵에 구속되지만, 원자핵 안에서는 거의 아무 힘도 느끼지 않는 것처럼 움직일 수 있다.

좌표(coordinates)　공간과 시간에서 한 점의 위치를 나타내는 수들.

중간자(中間子, meson)　쿼크와 반쿼크로 이루어진 기본입자.

중력(gravity)　자연의 네 가지 힘 중에서 가장 약한 힘. 질량을 가진 물체들은 중력을 발휘하여 서로를 끌어당긴다.

중성미자(中性微子, neutrino)　약학 핵력과 중력의 영향만을 받는 극도로 가벼운 기본입자.

중성자(中性子, neutron)　양성자와 매우 유사하며 전하를 띠지 않은 입자로 원자핵을 구성하는 입자들의 대략 절반을 차지한다.

중입자(重粒子, baryon)　양성자와 중성자 등을 아우르는 기본입자 유형. 중입자는 쿼크 3개로 이루어진다.

질량(mass)　한 물체 속에 있는 물질의 양으로 그 물체의 관성 혹은 가속에 대한 저항을 의미한다.

초대칭성(supersymmetry)　평범한 공간에서의 변환과 관련지을 수 없는 미묘한 유형의 대칭성. 초대칭성의 중요한 함의들 중의 하나는 힘 입자들과 물질 입자들이, 따라서 힘과 물질이 사실은 동일한 무엇인가의 두 측면이라는 것이다.

초중력이론(supergravity)　초대칭성이라고 하는 일종의 대칭성을 가진 중력이론.

측지선(測地線, geodesic) 두 점 간의 최단(혹은 최장) 경로.

쿼크(quark) 전하량 값이 분수이고 강한 핵력을 느끼는 기본입자. 양성자와 중성자는 각각 쿼크 3개로 이루어져 있다.

특수상대성이론(special theory of relativity) 중력 현상이 없을 때 관찰자가 어떻게 움직이는지에 상관없이 모든 관찰자에게 과학법칙이 동일해야 한다는 생각에 기초한 아인슈타인의 이론.

특이점(singularity) 물리적 양이 무한이 되는 시공에서의 한 점.

파동/입자 이중성(wave/particle duality) 파동과 입자는 구분되지 않는다는 양자역학의 개념. 입자는 때로 파동처럼 행동하고, 파동은 때로 입자처럼 행동한다.

파장(wavelength) 파동에서 인접한 마루와 마루 사이의 거리나 골과 골 사이의 거리.

페르미온(fermion) 물질을 이루는 기본입자. 보존과 대비된다. 1/2홀수배의 스핀을 가지는 입자 또는 끈의 진동 패턴

플랑크의 양자 원리(Planck's quantum principle) 빛(또는 기타 고전적인 파동들)은 불연속적인 양자로만 방출되거나 흡수될 수 있다는 원리. 양자의 에너지는 빛의 진동수에 비례하고, 파장에 반비례한다.

플로지스톤(phlogiston) 연소(燃燒)를 설명하기 위해서 상정되었던 물질. 연소에 의해서 그 물질이 달아났다고 생각되었으나, 라부아지에에 의해서 부정되었다.

p-브레인(p-brane) p-차원을 가지는 브레인. 브레인 참조.

(원자)핵(nucleus) 원자의 중심 부분으로, 강한 핵력에 의해서 결합된 양성자와 중성자로만 이루어진다.

핵분열(nuclear fission) 원자핵이 두 개 또는 그 이상의 보다 작은 핵

자(核子)로 갈라지면서 에너지를 방출하는 과정.

핵융합(nuclear fusion) 두 원자핵이 충돌해서 융합하여 더 무거운 단일한 원자핵을 형성하는 과정.

홀로그래피 이론(holographic theory) 시공의 한 영역에 있는 어떤 시스템의 양자 상태가 그 영역의 경계에 기록될 수 있을 것이라는 개념.

확률 진폭(確率振幅, probability amplitude) 양자이론에서 등장하는 복소수. 확률 진폭의 절대 값을 제곱하면 확률이 나온다.

감사의 말

우주에 설계(design)가 있는 것처럼 이 책에도 설계가 있다. 그러나 우주와 달리, 책은 무(無)에서 자발적으로 생기지 않는다. 책은 창조자가 필요하고, 창조자의 역할은 저자들만의 몫이 아니다. 그러므로 우리는 가장 먼저 가장 중요한 감사의 말을 거의 무한한 인내력으로 이 책을 편집한 베스 라시바움과 앤 해리스에게 전하고자 한다. 그들은 우리에게 학생이 필요할 때 우리의 학생이 되었고, 우리에게 선생이 필요할 때 우리의 선생이 되었으며, 우리에게 자극이 필요할 때 우리를 찌르는 꼬챙이가 되었다. 그들은 쉼표를 집어넣을 것인가를 놓고 토론할 때나 평평한 공간에 음(陰)의 곡률을 가진 곡면을 선 대칭으로 묻어넣는 것이 불가능한가를 놓고 토론할 때나 한결같이 즐겁게 원고의 곁을 지켰다. 친절하게 원고의 대부분을 읽어주고 값진 조언을 제공한 마크 힐러리, 본문 편집에 큰 도움을 준 캐롤 로웬스타인, 표지 제작을 맡은 데이비드 스티븐스, 꼼꼼하게 오자들을 찾아낸 로렌 노벡에게 감사한다. 삽화들을 통해서 과학에 예술을 가미하고 모든 것이 빈틈없이 정확하게 완성될 수 있도록 부지런히 확인한 피터 볼링거에게 매우 감사한다. 그리고 과학자들이 직면한 문제들을 뛰어난 감수성으로 포착하여 훌륭한 만화를 그려준 시드니 해리스에게 감사한다. 그는 또다른 우주에서는 물리학자가 될 만하다. 우리의 대리인들인 알주커만과 수전 긴스버그의 지원과 격려에도 고마움을 느낀다. 그들이 일관되게 전해준 두 가지 메시지가 있었다면, 그것들은 "이미 책을 마무리할 시간이에요"와 "언제 끝날지 걱정하지 말아요. 언젠가는 끝날 테니까"였다. 그들은 영특하게도 언제 어느 메시지를 전해야 할지 알았다. 마지막으로 호킹의 개인 조수 주디스 크로스델과 컴퓨터 도우미 샘 블랙번과 조앤 고드윈에게 감사한다. 그들은 정신적인 지원뿐 아니라 실질적이고 기술적인 도움도 제공했다. 그들의 도움이 없었다면, 우리는 이 책을 쓸 수 없었을 것이다. 게다가 그들은 어디에 최고의 술집이 있는지도 항상 알고 있었다.

역자 후기

이 책의 출간은 과학자들은 물론 일반인들에게조차 지대한 관심의 대상이 되었다. 그것은 이 책이 물리학계의 기존의 이론은 물론이고 새로운 이론들을 충분히 수용하여 "지금" "여기"에 있는 나의 존재에 대한 의문, 곧 생명의 궁극적인 질문에 대한 "궁극적인" 대답을 시도하고 있기 때문이다. 그 시도의 성공적인 결과는 미지수이지만(리처드 도킨스는 창조론자에 대한 "결정적 한방"이라고 말했지만), 일단 미국의 아마존 베스트셀러 1위가 된 것을 보면 세속적으로는 성공한 것 같다. 호킹은 좋은 모형(model)의 첫째 조건으로서 우아함(elegance)을 들었는데, 참으로 우아한 이 책의 첫머리에 제시된 다음의 질문들은 호킹의 야심이 얼마나 큰지 단적으로 알려준다.

"왜 무(無)가 아니라 무엇인가가 있을까? 왜 우리가 있을까? 왜 다른 법칙들이 아니라 이 특정한 법칙들이 있을까?"

현존하는 물리학자들 중에서 학문적 위상은 물론 대중적인 명성이 가장 높은 스티븐 호킹의 말 그대로 이 질문들은 과학에서 흔히 제기되는 "어떻게"라는 질문이 아니라 더 깊은 수준의 "왜"라는 질문이며, "생명, 우주, 만물에 관한 궁극의 질문"이다. 이 작은 책의 목표는 이 질문에 대한 담대한 대답이다. 실로 놀라운 목표이다. 더욱이 그 놀라움이 놀라움으로 끝나지 않는 것은 책의 끝 부분에서 정말로 대답이 제시된다는 사실이다. 그것은 명료한 문장으로 표현되어 있다. "자발적인 창조야말로 무가 아니라 무엇인가가 있는 이유, 우주가 존재하는 이유, 우리가 존재하는 이유이다. 도화선에 불을 붙이고 우주의 운행을 시작하기 위해서 신에게 호소할 필요는 없다."

이쯤 되면 호킹이 「유클리드의 창」, 「춤추는 술고래의 수학 이야기」 등을 쓴 저명한 저술가 레오나르도 믈로디노프와 공저한 이 책의 성격이 자못 철학적이라는 말로는 부족하다. 이 책은 웬만한 철학 책보다 더 철학적이다. 이 시대에 과학자가 전통적인 철학의 영역을 누비는 것은 어찌 보면 자연스러운 일이다. 지식의 전 영역을 통틀어 가장 큰 학문적 성취를 이룬 이들이 과학자요, 어찌된 영문인지 지식을 찾아 나선 이들은 결국 철학이라는 거대한 질문들의 그물망 안으로 걸어 들어가기 때문이다. 이 책의 첫머리에서 "철학은 이제 죽었다"는 선언을 앞세워놓고 과학과 철학을 하는 호킹의 모습은 여러 모로 흥미롭다. 이 책이 건물이라면, 기둥에 해당하는 주요 개념들은 인본원리, 모형 의존적 실재론, 자발적 창조 등이다. 이 개념들은 전통적인 과학의 범위 안에 있지 않다. 저자들 역시 "과학사의 전환점"을 언급한 것처럼 "우리는 과학사의 전환점에 도달한 듯하다. 물리이론의 목표와 조건에 대한 우리의 생각을 바꾸어야 할 때가 된 성싶다는 말이다."

호킹은 정확히 말해서 전환점에 도달한 과학을 하고 있다. 그러나 그의 시도는 전통적인 과학자들이 보기에 충분히 이단적이다. 예컨대 아인슈타인의 전통적 입장이라면, 궁극에 관한 질문을 던져놓고, 그 대답으로 자발성, 즉 이유 없음을 운운하는 호킹을 어떻게 평가할까? 자연의 네 가지 힘과 숱한 물리상수들의 값을 일관되게 설명하는 단일한 이론은 정말 불가능할까? 이 책의 저자는 그 불가능성을 단언하지 않는다. 그는 끈이론이 포함된 M이론을 궁극 이론의 후보로서 제시한다. 그러나 확언은 유보하고 있다. 궁극적으로 그런 이론은 불가능할 것이라는 것이다. 반면에 아인슈타인은 아마 다시 태어나도 대통일 이론의 가능성을 추구할 것이다.

두 진영의 차이는 물리학의 현 상황에 대한 판단에서 비롯되는 듯하다. 구체적으로 말해서 호킹은 현재의 물리학이 적어도 잠정적으로 매듭이 지어졌다고, 다시 말해서 "전환점" 혹은 완성에 도달했다고 간주하는 반면, 아인슈타인으로 대표되는 전통적인 물리학자들은 지금도 물리학에서 할 일이 많다고, 전통적인 과제들이 시퍼렇게 살아 있다고 판단한다.

책의 제목에서 짐작되고 내용에서 확인되듯이, 이 책의 핵심 논점은 창조론에 대한 비판이다. 궁극의 질문들 앞에서 아인슈타인까지도 신은 주사위 놀이를 하지 않았다고 말했다. 한편으로 창조론의 문제에 대해서는 지금 주로 미국에서 전개되고 있는 이른바 지적 설계론을 염두에 두면 저자들의 의도를 더욱 잘 이해할 수 있을 것이다. 흥미로운 것은 호킹이 지적 설계론을 반박하면서도 이른바 "강한 인본원리"를 옹호한다는 것이다.

인류의 역사에서 궁극의 질문에 대한 이전의 대답들은 늘 폐기되어 왔지만, 또다른 대답을 위한 디딤판으로서 소중한 구실을 했다. 이 책의 미덕은 기존의 이론들은 물론 새로운 이론들을 독자들이 충분히 이해할 수 있도록 설명하면서 저자들의 논리를 체계화하고 있다는 것이다. 간결하면서도 심오한 내용의 이 "우아한" 책은 우주와 자신의 존재를 생각하는 독자들에게 무한한 밤하늘을 바라보고 잠 못 이루는 밤을 보내면서 이런 생각도 하게 할 것이다. "철학이 죽었다"면, 그럼 "신도 죽었다"는 말인가?

경인년 가을, 살구골에서
전대호

색인

가상입자 virtual particle 143

가시적인 자연법칙 apparent laws
  of nature 149–150, 177, 181,
  225

간섭 interference 70, 73, 171–172

갈릴레오 Galileo Galilei 28, 32,
  35, 43, 52, 65, 109

강한 인본원리 strong anthropic prin-
  ciple 195, 207

강한 핵력 strong nuclear force 131,
  137–138, 143

고요한 생명 still life 219

고전 물리학 classical physics 10–
  12, 98

골디락스 구역 Goldilocks zone 191

공기(의 발견) air (discovery of) 26

공진(共振) resonance 200

과학적 결정론 scientific determinism
  38–39, 44, 91

광자(光子) photon 87–88, 101, 104–
  105, 132, 144

규소 silicon 197–198

글라이더 glider 219–223

글라이더 포 glider gun 219–220

깜빡이 blinker 219

끈이론 string theory 145–147, 209

나폴레옹 Napoleon Bonaparte 39

뇌 brain 41, 58–59, 85

뉴턴 Newton, Isaac 12, 33–34, 37–
  38, 83–85, 92, 98–100, 103, 110,
  112, 124–126, 150, 188, 208

뉴턴의 운동법칙 Newton's laws of
  motion 33–34, 37–38, 85, 128

뉴턴의 원 무늬 Newton's rings 69–
  70

뉴턴의 중력법칙 Newton's law of
  gravity 33–34, 109, 126, 202,
  228

다윈 Darwin, Charles 208

다중우주 개념 multiverse concept
  12–15, 172, 175–182, 206, 228

대안 역사들(代案歷史) alternative

histories 74, 100, 132

대원(大圓) great circle 127−128

대칭성 symmetry 144

대통일 이론 grand unified theories
(GUTS) 74, 140−141, 228

데모크리토스 Democritos 26

데이비 경 Davy, Sir Humphrey 111

데이비슨 Davisson, Clinton 85, 88

데카르트 Descartes, René 33−34,
37−39, 43

동위원소 isotope 197

뒤늦은 선택실험 delayed-choice
experiments 104

디키 Dicke, Robert 194

라플라스 후작 Laplace, Pierre-
Simon, marquis de 38−39

램 이동 lamb shift 136

로렌츠 Lorentz, Hendrick Antoon
120

로봇 robot 224−225

르메트르 Lemaître, Georges 161

리튬 lithium 162, 196, 198

마이컬슨 Michelson, Albert 118−
119

만물의 이론 theory of everything
137, 141, 180, 209

「매트릭스The Matrix」(영화) 53

맥스웰 Maxwell, James Clerk 113−
118, 125, 129−130, 209

메르카토르 투영법 Mercator pro-
jection 13

모형 의존적 실재론 model-depen-
dent realism 11, 54, 57−59, 62,
73−74, 148, 216

몰리 Morley, Edward 119

무경계 조건 no-boundary condition
171−172, 180

미립자 이론 corpuscle theory 60,
68−69

반실재론자 anti-realist 56−57

반(反)중력 anti-gravity 204

반쿼크 anti-quarks(pi mesons) 62,
138

버클리 Berkeley, George 56−57

버키볼 buckyballs 79−85

베릴륨 beryllium 198−199

보강간섭 constructive interference
70, 83

보존 boson 132

불확정성 원리 uncertainty principle
88−90, 141−142

블랙홀 black hole 116, 129, 203

빅뱅 이론 big bang theory 64−65,
68, 105, 163, 165

사건 event 12, 20, 53, 93, 103, 121,
124, 197

4원소 이론 four-element theory 65,
68

산소 oxygen 201

살람 Salam, Abdus 137

삼중 알파 입자 반응 triple alpha process 199

상쇄간섭 destructive interference 70, 83

생명 life 14-15, 181-182, 197, 201, 222

생명 게임 game of life 217, 221, 225

쇤보른 추기경 Schönborn, Christoph, cardinal 206

수소 hydrogen 162, 196-199, 202

순행 접근법 bottom-up approach 176, 179

슈트라우스 Straus, Ernst 208

스토아 학파 stoics 29

시공 space-time 55, 125-126, 204

신(창조자) God(Creator) 14, 31, 63, 192, 206, 208, 216

실재 reality 9, 12, 49-50, 52, 62, 68, 81, 85

실재론 realism 55-57

아낙시만드로스 Anaximandros 25, 28

아르키메데스 Archimedes 25

아리스타르코스 Aristarchos 27, 51

아리스토텔레스 Aristoteles 22, 28, 30-31, 38, 43-44, 51, 117, 206

아우구스티누스 (성) Augustinus St. 63

아인슈타인 Einstein, Albert 43, 66, 72, 90, 93, 96, 109, 120-125, 159-161, 203, 208, 215, 228

아퀴나스 Aquinas, Thomas 29, 206

「알마게스트 Almagest」 50

약한 인본원리 weak anthropic principle 193, 195, 207

약한 핵력 weak nuclear force 131, 139, 202

양성자 proton 59, 61, 140, 198, 207

양자 물리학/양자이론 quantum physics/quantum theory 10-11, 55, 74, 83-86, 88, 90-95, 101, 103, 130, 132, 137, 164-165, 169-171, 204

양자색역학 quantum chromodynamics(QCD) 137, 141

양자 요동 quantum fluctuation 175

양자장이론(量子場理論) quantum field theory 130-132, 137

양자전기역학 quantum electrodynamics(QED) 131-133

양자중력이론(量子重力理論) quantum theory of gravity 141, 143-144, 166

어셔 주교 Ussher, Bishop 156

에딩턴 Eddington Arthur 158, 172

에테르(발광 에테르) ether(luminiferous ether) 117-120

에피쿠로스 Epikouros 28

M이론 M-theory 12-14, 73-74, 147-151, 209-210, 228

엠페도클레스 Empedocles 26

역장(力場) force fields 112, 132

역행 접근법 top-down approach 176, 179, 180

열자 列子 205

영 Young, Thomas 87-88

와인버그 Weinberg, Steven 137

외르스테드 Orsted, Hans Christian 111

요한 21세(교황) John XXI 31

우주론 cosmology 175-176, 206

우주 마이크로파(극초단파) 배경복사 cosmic microwave background radiation(CMBR) 161-162

우주 상수 cosmological constant 204

"운동하는 물체의 전기역학에 대하여" "Zur Elektrodynamik bewegter" 121

원자 atom 26, 56, 84

원자론 atomism 26

월러스 Wallace, Alfred Russel 208

위대한 설계 grand design 207

유클리드 Euclid 25

유효이론 effective theory 42, 84

이오니아 과학 Ionian science 23, 25, 28

이중성 duality 73-74, 147

이중 틈 실험 double-slit experiment

85-86, 93-94, 100-102, 104-105

인본원리(人本原理) anthropic principle 193-194

인플레이션 이론 inflation theory 163-165

일반상대성이론 general theory of relativity 126, 128-130, 143, 163-166, 169-171, 203, 215

입자이론 particle theory 70

자유의지 free will 27, 39-41, 224

재규격화 renormalization 135-138

저머 Germer, Lester 85-88

전자 electron 59-61, 132, 177, 180, 203, 205

전자기력(電磁氣力) electromagnetic force 113, 130-132, 139, 143

전자기장(電磁氣場) electromanetic field 114

전자약력(電子弱力) electroweak force 137, 141

점근적 자유(漸近的 自由) asymptotic freedom 138-139

존슨 Johnson, Samuel 56-57

중간자(中間子) meson 138

중력 gravity 31, 84, 125-126, 128, 130, 141, 166, 174, 203, 209, 227-228

중력파 gravitational wave 129

중성자 neutron 59, 61, 69

중입자(重粒子) baryon 138

지구(우주의 중심으로서의) earth (as center of the universe) 50

지적 설계 intelligent design 207

진공 요동 vacuum fluctuation 142

진화 evolution 26

「천구의 회전에 관하여 de revolu-tionibus orbium coelestium」 51

초대칭성 supersymmetry 144-145

초신성 supernova 194, 199, 202, 204

초중력이론 supergravity theory 144-145, 148

츠비키 Zwicky, Fritz 68

측지선(測地線) geodesic 80, 128

캐럴 Carroll, John W. 35

케플러 Kepler, Johnnes 31, 37, 208

켈빈 경 Kelvin, William Thomson, Lord 120

코페르니쿠스 Copernicus 51-52, 206-207

콘웨이 Conway, John 217, 221, 225

쿼크 quark 59, 61, 138-139, 144

퀘이사 quasar 104

탄소 carbon 79, 194, 196-197, 199

탈레스(밀레토스의) Tales(of Miletos) 22-23

탕피에르 주교 Tempier of Paris, Bishop 31

(윌리엄)톰슨 Thomson, William 120

(J. J.)톰슨 Thomson, J. J. 60

특수상대성이론 specific theory of relativity 122-126

특이점 singularity 163, 165

파동이론 wave theory 70, 72

파동/입자 이중성 wave/particle duality 73, 86

파울러 Fowler, William 200

파인만 Feynman, Richard (Dick) 10, 93-98, 100-102, 105, 131-135

파인만 도표 Feynman diagram 133, 142-143

파인만 역사 합 Feynman sum over histories 133-134, 171-172, 176, 178, 181

패러데이 Faraday, Michael 111-112

페르미온 fermion 132

평범의 원리 Principle of mediocrity 195

포프 Pope, Alexander 35

폰 노이만 Von Neumann, John 223

표준모형 standard model 66, 141

풀러 Fuller, Buckminster 79

프리드만 Friedmann, Alexander
   160-161

프톨레마이오스 Ptolemaios 51, 52,
   66, 68

플라톤 Platon 12, 38, 43, 54

플랑크 상수 Planck's constant 88-
   90, 98

플로지스톤 phlogiston 68

p-브레인 p-brane 149

피츠제럴드 FitzGerald, George
   Francis 120

피타고라스 Pythagoras 23-25

하이젠베르크 Heisenberg, Werner

88, 141

허블 Hubble, Edwin 67, 157

헤라클레이토스 Herakleitos 29

헬륨 helium 162, 196, 198-199,
   202

현대 물리학 modern physics 10-12

호일 Hoyle, Fred 161, 197, 199-
   200

홀로그래피 원리 Holographic prin-
   ciple 55

확률 probability 91-92

확률 진폭(確率振幅) probability
   amplitude 97, 130, 178, 180

휠러 Wheeler, John 104

흄 Hume, David 57